EL TERCER ERROR DE EINSTEIN

PRINCIPIO DE EQUIVALENCIA

EV GENIUS

Copyright © 2024 EV GENIUS

All rights reserved

The characters and events portrayed in this book are fictitious. Any similarity to real persons, living or dead, is coincidental and not intended by the author.

No part of this book may be reproduced, or stored in a retrieval system, or transmitted in any form or by any means, electronic, mechanical, photocopying, recording, or otherwise, without express written permission of the publisher.

CONTENTS

Title Page
Copyright
1. Introducción.   1
2. Área de definición.   3
3. Principio de equivalencia.   5
4. Primera ley de Newton.   15
5 . Segunda ley de Newton.   24
6. Tercera ley de Newton.   34
7. Ley de gravitación de Newton.   46
8. Movimiento relativo a velocidad constante.   49
9. Movimiento absoluto con aceleración constante.   53
10. Atribución de tipos de movimientos.   58
11. Sensación de la acción de la fuerza.   82
12. Fuerza. Punto de acción de la aplicación.   89
13. Tipos de fuerzas. Manifestación del poder. Causa efecto.   90
14. Principio de uniformidad.   96
15. Representación gráfica   99
16. Condición de reposo relativo   104
17. Realidad tridimensional. Realidad unidimensional.   110
18. Esfuerzo. Aceleración.   125
19. Campo de esfuerzo. Esencia fundamental común de la   131

Realidad Una Infinita.
20. Newton, gravedad y campo de esfuerzo . 142
21 TIEMPO 144

1. INTRODUCCIÓN.

Este libro está escrito para lectores que no tienen una educación especial en Física.

Hay muchas figuras que muestran y explican los problemas de la física moderna. No existen fórmulas matemáticas complicadas. Se demuestra que muchos de los problemas de la física moderna son causados por la Teoría de la Relatividad, que fue creada por Einstein.

Einstein notó que cuando un cuerpo se mueve con aceleración en un campo gravitacional, su movimiento de aceleración es idéntico al movimiento rectilíneo uniforme , y que la masa pesada siempre es igual a la masa inercial.

Einstein utilizó estos dos hechos y luego el movimiento con aceleración puede equipararse al movimiento rectilíneo uniforme. Esto significa que los dos tipos de movimiento son equivalentes, y Einstein lo definió como *Principio de Equivalencia* .

Einstein equiparó el movimiento acelerado con el movimiento rectilíneo uniforme y así creó la Teoría de la Relatividad General.

Se debería hacer lo contrario. El movimiento rectilíneo uniforme debe equipararse con el movimiento acelerado. Entonces, el movimiento rectilíneo uniforme es equivalente al movimiento con aceleración. Entonces, el movimiento rectilíneo uniforme es un caso especial de movimiento con aceleración.

Einstein definió el Principio de Equivalencia y creó la Teoría General de la Relatividad. El Principio de Equivalencia está incorrectamente definido. Esto crea enormes problemas para la Teoría de la Relatividad y una crisis en la física moderna.

Para crear la Relatividad General, se debe utilizar el Principio de Igualdad.

Del Principio de Igualdad se desprende que:

La fuerza de atracción gravitacional definida por Newton **no es** una fuerza central. La fuerza de atracción gravitacional de Newton es una fuerza que actúa transversalmente.

La ley de gravitación de Newton es cierta sólo dentro de los límites del sistema solar.

Entonces la Energía Oscura y la Materia Oscura no existen.

Hay un número infinito de **"leyes de gravedad" diferentes**, y estas leyes se realizan en **un campo de esfuerzo**.

El campo de esfuerzo es portador de las derivadas superiores de la distancia y el tiempo.

La acción *MUTUALISACTION* se desarrolla en **el campo del esfuerzo**.

Traducción del eslavo-cirílico búlgaro al inglés:

ВЗАИМНОДЕЙСТВИЕ = MUTUALISACTION

2. ÁREA DE DEFINICIÓN.

Se realizará un análisis de las leyes básicas de la Física. Para realizar el análisis correctamente es necesario crear un área de definición adecuada. El dominio definicional consta de cuatro principios axiomáticos y una categoría filosófica.

Principios:

1- La realidad **existe**.

2- La realidad es **reflexiva**.

3- La realidad es **infinita**.

4- La realidad es única, única.

Categoría filosófica:

El concepto de **la Realidad Una Infinita** es una categoría filosófica.

Explicaciones:

- El concepto de **Una Realidad Infinita** es una categoría filosófica que sirve para denotar la unidad de la conciencia y la materia.

-**La existencia** es una categoría independiente de la filosofía de la ciencia. Los no filósofos suelen oponer antagónicamente la categoría de existencia a la categoría de inexistencia. Se suele responder que se llama nada a lo que no existe. El siguiente paso es analizar las categorías **nada** y **algo**. El análisis de estas dos categorías es extremadamente difícil y las conclusiones son incorrectas.

En la hipótesis que presento, **la existencia** no se opone a la inexistencia. La existencia es una categoría adicional a la categoría **de reflexión**.

Existencia y **Reflexión** son un par de categorías.

En la hipótesis que presento, a los pares de categorías de la Dialéctica de Hegel se han añadido existencia y reflexión.

Véase Hegel, Fenomenología del espíritu.

Véase Todor Pavlov, "Teoría de la reflexión".

- La categoría **Infinito** sirve para indicar la infinita cantidad de cualidades existentes.

- La categoría **Único** sirve para indicar la unicidad de **lo universal** .

La categoría **Soltero** está presente en el sistema de la Lógica Dialéctica de Hegel.

La categoría **Singular** forma parte de las tres categorías de Hegel: **singular** , **especial** , **general** . Véase Hegel, Fenomenología del espíritu.

3. PRINCIPIO DE EQUIVALENCIA.

El Principio de Equivalencia fue definido por Albert Einstein. Einstein utilizó el Principio de Equivalencia para crear la Teoría General de la Relatividad. El Principio de Equivalencia establece que:

-la masa pesada e inerte de cualquier cuerpo físico son iguales y que:

- el movimiento de un cuerpo con aceleración en un campo gravitacional equivale a un movimiento rectilíneo uniforme .

Estos son dos hechos importantes que se sitúan en los fundamentos de la Teoría General de la Relatividad. Utilizaré cifras para explicar estos dos hechos. Empiezo explicando la igualdad entre masa pesada e inercial.

Ver Figura 1.

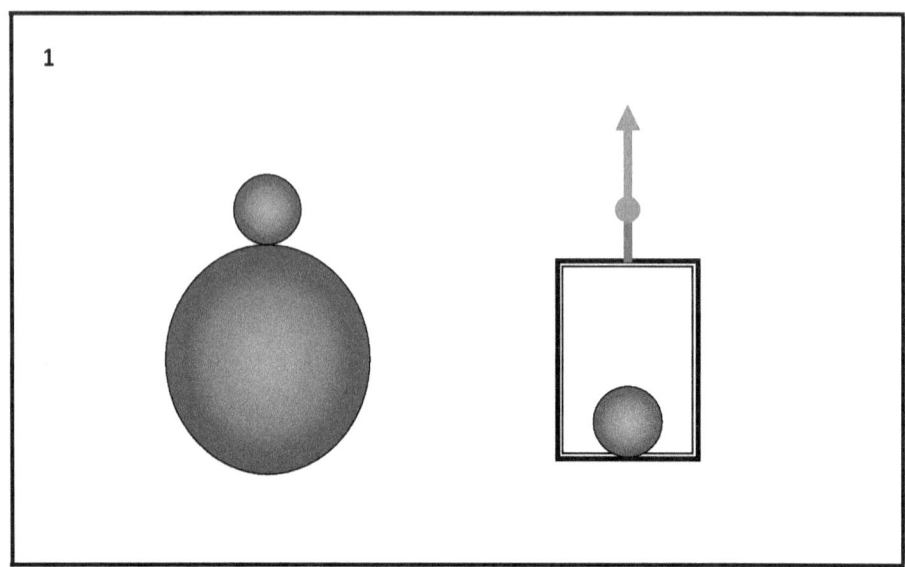

En la parte izquierda de la figura 1 se muestran dos esferas, una pequeña y una grande. La esfera pequeña se coloca encima de la esfera grande. En la parte derecha de la figura uno, se muestra un ascensor, y una vez más, la misma pequeña esfera que se coloca en la parte inferior del ascensor.

El ascensor y la pequeña esfera se encuentran en el espacio exterior, donde no actúan fuerzas gravitacionales.

La gran esfera es el planeta Tierra. La pequeña esfera es un cuerpo de prueba que se encuentra en la superficie del planeta Tierra. La pequeña esfera tiene cierto peso que se llama **masa pesada** . La pequeña esfera que se encuentra en la superficie del planeta Tierra es exactamente igual a la pequeña esfera que se coloca en la parte inferior del ascensor. El ascensor está sujeto a una cuerda marrón. Al final de la cuerda marrón, actúa una fuerza roja que tira del ascensor en la dirección que se muestra. La fuerza aplicada al extremo de la cuerda es de tal magnitud que el ascensor se mueve con una aceleración igual a nueve enteros y ocho décimas de metros por segundo al cuadrado. Cuando el ascensor se mueve en la dirección que se muestra con una aceleración igual a nueve ocho décimas de metro por segundo al cuadrado, la pequeña esfera en la parte inferior del ascensor tendrá peso. Este peso se llama **masa inercial**.

La masa pesada de la pequeña esfera que se encuentra en la superficie del planeta Tierra es igual a la **masa inercial** de la pequeña esfera que se encuentra en la parte inferior del ascensor.

Ver Figura 2.

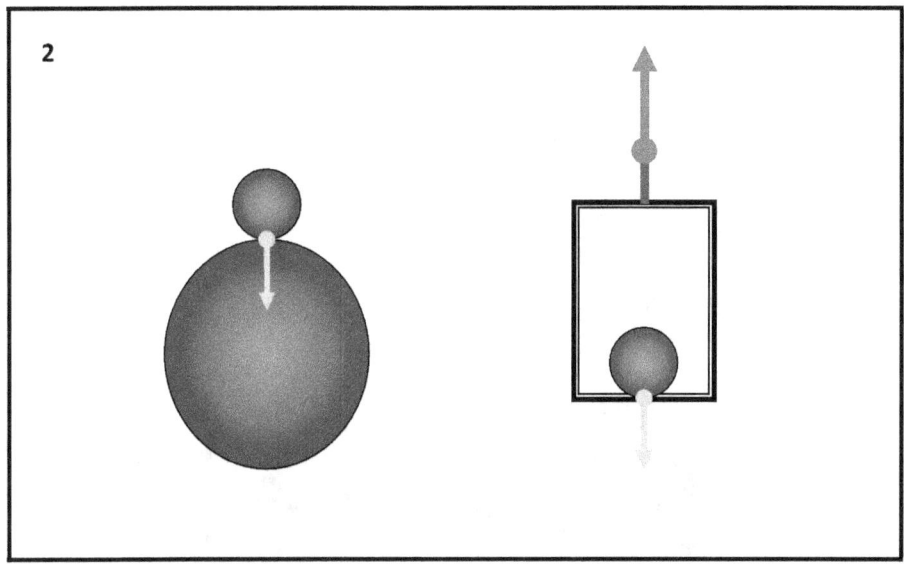

En la Figura 2, se muestra la pequeña esfera en la superficie del planeta Tierra, presionando la superficie de la Tierra por su **pesada masa**. La flecha verde es la fuerza de presión. Se muestra la pequeña esfera en el ascensor que empuja la parte inferior del ascensor a través de su **masa inercial**. La flecha verde debajo del levantamiento indica la magnitud y dirección del empujón. Las dos esferas pequeñas son iguales, la longitud de las flechas verdes es la misma, lo que significa que **la gravedad y la masa inercial** de la esfera pequeña son las mismas.

La razón de la igualdad de **las masas pesada e inercial** es el hecho de que la aceleración gravitacional de la Tierra es igual a nueve ocho décimas de metro por segundo al cuadrado, y la aceleración con la que se mueve el ascensor en dirección vertical también es igual a nueve ocho décimas de metros enteros, por segundo por cuadrado.

En definitiva, **la masa pesada** siempre es igual a **la masa inercial**.

Podemos verificar la igualdad de masa pesada y masa inercial. Utilizamos dos escalas precisas.

Ver Figura 3.

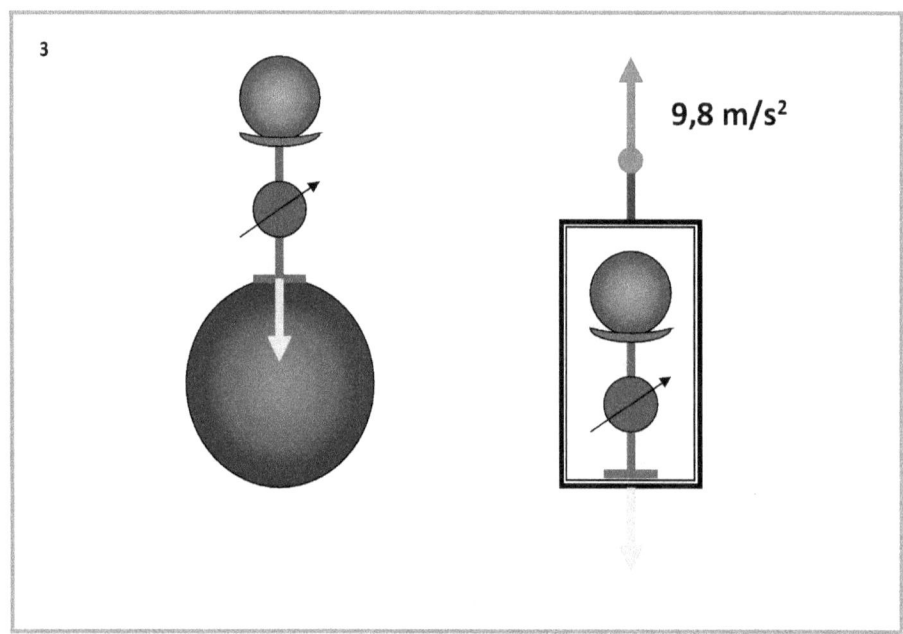

La figura 3 muestra dos escalas idénticas. La báscula tiene una pantalla azul para leer el peso, una base marrón y una placa de soporte marrón.

Mira el lado izquierdo de la imagen. La base de la escala está en la superficie terrestre. Encima de la escala se coloca la pequeña esfera. La flecha negra indica el peso de la pequeña esfera. Una balanza colocada en la superficie terrestre mide **la pesada masa** de la pequeña esfera.

La misma escala se coloca en la parte inferior del ascensor. La pequeña esfera se coloca sobre la balanza. La flecha negra indica el peso de la pequeña esfera. La báscula del ascensor mide **la masa inercial** de la pequeña esfera. Las flechas negras en ambas escalas indican el mismo peso. **La masa pesada** de la esfera pequeña es igual a **la masa inercial** de la esfera pequeña. Las bases de ambas escalas presionan hacia abajo por igual. Las dos flechas verdes debajo de las bases de las escamas tienen la misma longitud.

El segundo hecho importante del Principio de Equivalencia es que:

- el movimiento de un cuerpo con aceleración en un campo gravitacional equivale a un movimiento rectilíneo uniforme .

Para explicar este hecho, realizaremos un experimento mental, con un ascensor y un pasajero que se mueve junto con el ascensor. Desafortunadamente, en algún momento, la cuerda se rompe.

Ver figura 4.

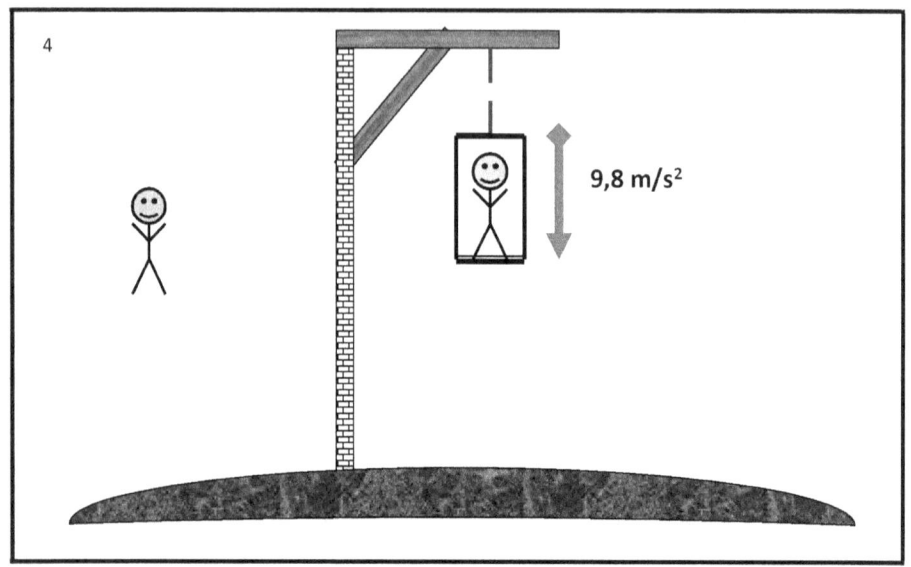

En la figura 4 se muestra una porción de la superficie terrestre, un fuerte soporte vertical sobre el que se fija una viga horizontal. El ascensor está atado a la viga. La cuerda está rota. Para nuestra consideración, no es importante si el ascensor estaba en movimiento o en reposo en el momento en que se rompió la cuerda. Lo importante es que el ascensor comenzará a caer hacia la superficie terrestre y se moverá con una aceleración de nueve ocho décimas de metro por segundo al cuadrado. La razón de esta caída con aceleración es que el ascensor, y el pasajero que viaja en él, se encuentran en el campo gravitacional de la Tierra y experimentan la acción de la fuerza de atracción gravitacional de la Tierra. El ascensor no tiene ventanas y el pasajero en el ascensor no puede saber que se está moviendo con aceleración. El pasajero en el ascensor se encuentra en estado de ingravidez. El pasajero en el ascensor estará convencido de que se encuentra en un estado de reposo o de movimiento rectilíneo uniforme, y que no actúan sobre él fuerzas que provoquen aceleración. Un segundo observador se encuentra fuera del ascensor y ve que el ascensor se mueve con aceleración. El observador fuera del ascensor no puede convencer al pasajero dentro del ascensor de que se mueve con aceleración hacia la superficie de la tierra.

Cabe señalar que Einstein realizó experimentos mentales similares con ascensores para aclarar la naturaleza de los sistemas de referencia inerciales y no inerciales. Estos experimentos mentales ayudaron a Einstein a definir el principio de equivalencia.

Einstein utilizó **el principio de equivalencia** para crear la Teoría General de la Relatividad.

La relatividad general es una teoría del tiempo y el espacio. La Teoría General de la Relatividad muestra cuáles son las leyes de la mecánica y cómo funcionan en marcos de referencia no inerciales. Los sistemas de referencia no inerciales son aquellos sistemas de coordenadas que se encuentran en un estado de movimiento con aceleración. La física moderna y Einstein afirman que el movimiento acelerado es absoluto y, por tanto, difiere del movimiento relativo. La diferencia entre el movimiento absoluto con aceleración, por un lado, y el movimiento relativo uniforme, por otro, es un problema muy grande que no permite crear la Teoría de la Relatividad General. El problema se resuelve mediante el Principio de Equivalencia.

Las leyes del movimiento uniforme relativo son un principio de la Teoría de la Relatividad Especial. Por la historia de la física, sabemos que Einstein primero creó la Teoría de la Relatividad Especial y luego creó la Teoría de la Relatividad General.

La Relatividad Especial, al igual que la Relatividad General, es una teoría del tiempo y el espacio. Pero a diferencia de la Relatividad General, la Relatividad Especial muestra cuáles son las leyes de la mecánica y cómo funcionan en marcos de referencia inerciales. Los sistemas de referencia inerciales son aquellos sistemas de coordenadas que se encuentran en estado de reposo o en estado de movimiento rectilíneo uniforme.

El 11 de julio de 1923, Albert Einstein pronunció un discurso en

Gotemburgo, ante la reunión de científicos naturales de los países nórdicos, sobre el tema: "Grundgedankenund und probleme der Relativatatstheorie".

El informe fue publicado en el libro: "Les Prix Nobel en 1921-1922" Estocolmo, Imprimerie Royale, PA Norstedt & Soner.

En este informe, Einstein dice:

"En la mecánica clásica, la distinción entre movimientos acelerados y no acelerados es absoluta. Sólo hay velocidades relativas que dependen de la elección del sistema inercial, y las aceleraciones y rotaciones son absolutas, independientemente de la elección del sistema inercial".

Hace más de cien años, Einstein llamó la atención de los investigadores sobre la diferencia esencial entre movimiento relativo y movimiento absoluto. La diferencia entre movimiento absoluto y movimiento relativo es un obstáculo para la creación de una Teoría General de la Relatividad. Einstein intentó resolver el problema equiparando el movimiento absoluto con aceleración con el movimiento relativo con velocidad constante. Filosóficamente hablando, esto es un error. Einstein debería haber ido por el otro lado, es decir, equiparar el movimiento relativo a velocidad constante con el movimiento absoluto a aceleración constante. Para que esto suceda, Einstein debe representar, mostrar y expresar el movimiento relativo a velocidad constante mediante el movimiento absoluto a aceleración constante.

Einstein utilizó el Principio de Equivalencia para equiparar el movimiento absoluto con la aceleración, que es un principio de la Relatividad General, con el movimiento relativo, que es un principio de la Relatividad Especial.

Esto es lo que dice Einstein en el libro "Evolución de las ideas en la física":

"**La verdadera física relativista debe aplicarse a todos los sistemas de coordenadas y, por tanto, también al caso especial de un sistema de coordenadas inercial.** Las nuevas leyes **generalizadas**, válidas para todos los Sistemas de Coordenadas, **deben** reducirse a **las viejas** leyes familiares, **en el caso especial de un sistema inercial**".

El texto azul es:

"Los nuevos **Se** reducen las leyes **válidas** para todos los sistemas de coordenadas. a leyes **de** un sistema inercial".

Según Einstein, **las nuevas leyes de la física** se aplican en sistemas de coordenadas que se mueven con aceleración.

El principio de equivalencia se utiliza para convertir el movimiento absoluto en movimiento relativo, pero esto no es suficiente. Se utiliza otro hecho muy importante.

Un Sistema de Coordenadas Inerciales que entra en un campo gravitacional comienza a moverse con aceleración, pero para los observadores que están en ese Sistema de Coordenadas Inerciales, nada cambia.

Los observadores no sienten el movimiento con aceleración. Los observadores están convencidos de que su sistema de coordenadas sigue siendo inercial y se mueve uniformemente y en línea recta.

Esto es lo que dice Einstein en el libro "Evolución de las ideas en la física":

"Pero para tal descripción, tenemos que tener en cuenta la gravedad, construyendo, por así decirlo, el puente que permite pasar de un sistema de coordenadas a otro. El campo gravitacional existe para el observador externo, pero no existe para el observador interno".

Y luego:

"Pero el puente, es decir, el campo gravitacional, que hace posible la descripción en dos sistemas de coordenadas diferentes, se basa en un pilar muy importante: la igualdad entre masa pesada e inercial. Sin este hilo conductor, que ha pasado desapercibido en la mecánica clásica, nuestra lógica actual sería completamente errónea".

La igualdad de la masa pesada y la inercial y el movimiento de un marco de referencia inercial en un campo gravitacional son dos de las maravillosas ideas de Einstein. Einstein utilizó estas dos ideas para reducir el movimiento absoluto con aceleración a un movimiento inercial relativo. Este es el camino que tomó Einstein y así creó la Teoría General de la Relatividad.

Desde un punto de vista filosófico, el método de Einstein sufre serias críticas. Einstein debería haber hecho exactamente lo contrario, es decir, intentar reducir el movimiento de inercia relativa a un movimiento absoluto con aceleración.

En la hipótesis que presento, tú y yo haremos exactamente eso.

Para ello, analizaremos las leyes físicas básicas y sacaremos conclusiones sobre la esencia de estas leyes.

4. PRIMERA LEY DE NEWTON.

En 1868, Newton publicó el libro.

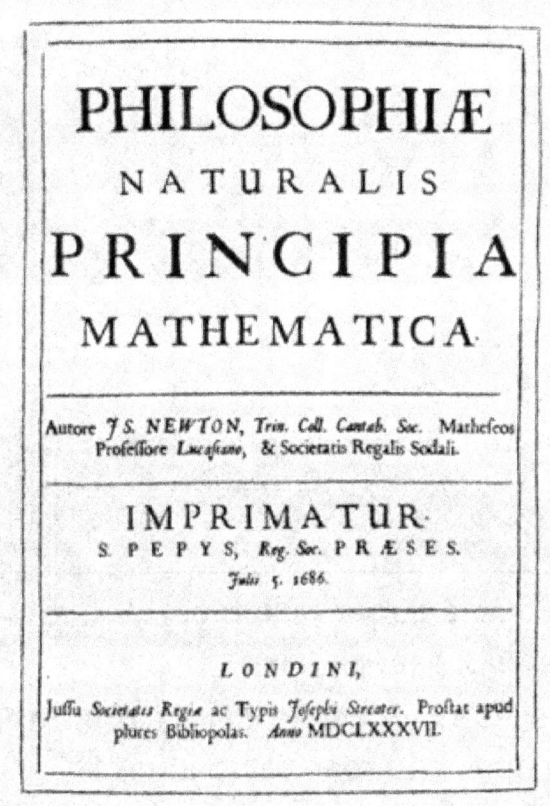

en el que se definen las leyes básicas de la Física. El titulo del libro:

PHILOSOPHIAE NATURALIS PRINCIPIA MATHEMATICA

,

se traduce al cirílico eslavo-búlgaro de la siguiente manera:

> „Математически принципи на физиката"

Las leyes de Newton se estudian en la escuela y se conocen como "Las tres leyes de Newton".

En latín, la primera ley de Newton se escribe de la siguiente manera:

> „Corpus omne perseverare in statu suo quiescendi vel movendi uniformiter in directum, nisi quatenus illud a viribus impressis cogitur statum suum mutare"

La traducción del latín al cirílico eslavo-búlgaro está escrita de la siguiente manera:

> „Всяко тяло продължава да запазва своето състояние на покой или равномерно праволинейно движение, докато и доколкото, то не е принудено да промени това състояние, от приложените сили"

La traducción del latín al inglés probablemente se escriba así:

> "Every body continues to be held in its state of rest, or uniform and rectilinear motion, until and insofar as it is compelled by applied forces to change this state."

Del latín al ruso hay una traducción realizada por el académico Krylov en el libro:

> ИСААК НЬЮТОН
>
> «МАТЕМАТИЧЕСКИЕ НАЧАЛА НАТУРАЛЬНОЙ ФИЛОСОФИИ»
>
> ПЕРЕВОД С ЛАТИНСКОГО И КОММЕНТАРИИ А.Н. КРЫЛОВА

La traducción en ruso está escrita así:

> "Всякое тело продолжает удерживаться в своем состоянии покоя или равномерного и прямолинейного движения, пока и поскольку оно не понуждается приложенными силами изменять это состояние"

Primera ley de Newton:

"Cualquier cuerpo continúa conservando su estado de reposo o movimiento rectilíneo uniforme, hasta y en la medida en que se ve obligado a cambiar ese estado por la aplicación de fuerzas".

De manera bastante deliberada muestro la traducción del latín, en diferentes escrituras.

La razón es que lo que dice Newton es muy importante. La forma en que lo dice es importante.

A saber:

La primera ley de Newton consta de dos partes. La primera parte de la ley de Newton determina el estado del cuerpo en el espacio y el tiempo cuando no **se aplica ninguna "fuerza" al cuerpo** . Newton afirmó que cuando está sobre el cuerpo **no actúa. "Fuerza aplicada"** , el estado posible del cuerpo es reposo o movimiento rectilíneo uniforme. Newton no explica cómo se produce el reposo o el movimiento. Para Newton, es importante el hecho de que estos dos estados permanezcan constantes tanto en el tiempo como en el espacio. El método para salvar ambos estados es el mismo. Esto significa que el motivo para mantener el estado de reposo o el estado de movimiento es el mismo. Cuando **la causa de preservación** de estos dos estados diferentes es la misma, entonces eliminar la causa de preservación cambiará el reposo o el movimiento de la misma manera.

Debemos recordar que la razón específica de la conservación del reposo o del movimiento, según Newton, es **la ausencia** de **una "fuerza aplicada"**.

se produce la acción de **una "fuerza aplicada"** , el estado de reposo o movimiento cambia. De esta manera , Newton confirma el hecho de que **la razón para mantener** el estado de reposo o movimiento es **la ausencia de la acción de la "fuerza aplicada"** .

La primera ley de Newton sentó las bases de la ciencia de la física. Desde un punto de vista filosófico, la primera ley de Newton ha sido duramente criticada. La crítica se relaciona con la esencia del fenómeno del movimiento y la esencia del fenómeno del reposo:

La primera ley de Newton no distingue entre el estado de reposo de un cuerpo y el estado de movimiento rectilíneo uniforme del mismo cuerpo. Para decirlo breve y claramente, según la primera ley de Newton, el estado de reposo es idéntico al estado de movimiento, siempre que el movimiento sea uniforme y rectilíneo.

En ciencia, filosofía, el fenómeno del movimiento y el fenómeno del reposo son fundamentalmente diferentes, y estos fenómenos tienen esencias diferentes. La identidad de estos fenómenos fundamentalmente diferentes crea problemas para toda la física moderna. Estos problemas se pueden especificar en una variedad de divisiones de la física. Un ejemplo típico a este respecto es la Teoría de la Relatividad Especial. Se trata de la paradoja de los gemelos. La paradoja de los gemelos, definida por Einstein, afirma que cuando uno de dos gemelos se mueve uniformemente y en línea recta con respecto al otro gemelo, el gemelo que se mueve envejece más lentamente porque el tiempo se **ralentiza.** La única razón del retraso es el hecho de que este gemelo se encuentra en un estado de movimiento relativo con respecto al otro gemelo. Esta hipótesis es divertida, interesante, paradójica, fácil de recordar y despierta el interés de una gran parte de los lectores. Pero quiero señalar de inmediato que la verdadera paradoja de los gemelos no es el hecho de que exista una diferencia en la edad de los gemelos. La verdadera paradoja de los gemelos se reduce al hecho de que cada gemelo puede afirmar que envejece más lentamente y se mantiene más joven, mientras que el otro envejece más rápido. La razón de este malentendido es la primera ley de Newton. Destaco una vez más que la primera ley de Newton no distingue entre el estado de reposo y el estado de movimiento rectilíneo uniforme.

Ver figura 5.

En la figura 5 se muestran dos gemelos y una plataforma. La plataforma tiene ruedas y se puede mover. El gemelo que está en el lado derecho de la figura ha subido a la plataforma. La plataforma, junto con su gemelo, se mueve de izquierda a derecha, uniformemente en línea recta, a cierta velocidad. La dirección y magnitud de la velocidad se muestran con una flecha azul. El gemelo en la plataforma le dice al otro:

"Me acerco a ti, firme y recto, y envejezco más lentamente".

Pero el otro gemelo, que se encuentra en el lado izquierdo de la figura, objeta:

"Oh no, lo que dices no es cierto, me acerco a ti. Te estoy observando atentamente y veo que te alejas de mí a una velocidad constante".

El gemelo de la derecha responde:

"Estoy sobre una plataforma y las ruedas de esa plataforma están girando, por lo tanto estoy en movimiento con respecto a ti".

Entonces, ¿la disputa parecía ya resuelta a favor de uno de

los gemelos? Sí, está resuelto, pero se violan las condiciones del experimento. Estamos realizando un experimento que, por condición, tiene como objetivo probar sólo y sólo el movimiento relativo, uniforme y rectilíneo de los gemelos entre sí. Las ruedas de la plataforma giran y su movimiento de rotación no es uniforme, no es rectilíneo. Según la física moderna, el movimiento de rotación de las ruedas es absoluto y deben excluirse del experimento que estamos realizando. La paradoja de los gemelos se refiere, única y exclusivamente, a un **estado de movimiento relativo, a velocidad constante, en línea recta** .

El verdadero experimento se verá así.

Ver figura 6.

En la figura 6 se muestran los dos gemelos y las dos plataformas. Los gemelos están en las plataformas. Las plataformas no tienen ruedas porque están en el espacio exterior. Las dos plataformas y los gemelos se encuentran en estado de ingravidez. La plataforma derecha, junto con su gemelo , se mueve en línea recta uniforme.

La flecha azul muestra la dirección de la velocidad y la magnitud de la velocidad. Está desierto, completamente vacío, y los gemelos pueden determinar la velocidad entre sí con sólo mirarse. En estas condiciones, cada uno de los gemelos puede afirmar que se está moviendo mientras el otro está en reposo.

Cada uno de los gemelos puede utilizar dispositivos de medición para determinar la velocidad relativa del otro gemelo. Por ejemplo, se pueden utilizar los modernos medidores de velocidad láser.

Ver figura 7.

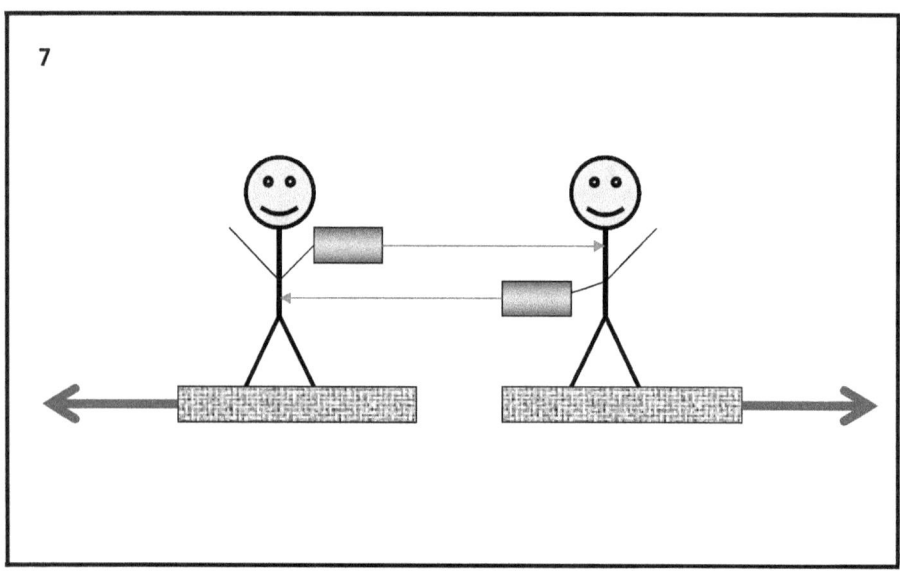

La Figura 7 muestra a los gemelos usando medidores de velocidad láser. Las flechas rojas y delgadas son rayos de luz láser. En este caso, se medirá que cada uno de los gemelos se mueve uniformemente y en línea recta con respecto al otro gemelo. La velocidad medida por los gemelos será la misma, pero la dirección de la velocidad que miden será opuesta.

El gemelo derecho afirmará que se mueve de izquierda a derecha, el gemelo izquierdo afirmará que se mueve de derecha a izquierda.

Las dos flechas azules indican la dirección de la velocidad medida. La longitud de las flechas indica la magnitud de la velocidad medida.

Preste especial atención al hecho de que el tamaño de las flechas es el mismo, pero las direcciones son diametralmente opuestas.

Colocados en estas condiciones, los gemelos no pueden determinar cuál de los dos está en reposo y cuál en movimiento. Aquí hay otra paradoja. Vemos que la paradoja de los gemelos consta de dos partes, que son dos paradojas fundamentalmente diferentes.

La primera paradoja es que un gemelo envejece más rápido que el otro. Ésta es la paradoja de Einstein.

La segunda paradoja es que, en principio, es imposible demostrar cuál de los dos gemelos está en reposo y cuál en un estado de movimiento rectilíneo uniforme.

Desde un punto de vista filosófico, la segunda paradoja es sumamente interesante y de particular importancia. Se llama **la paradoja del movimiento y el reposo**. La paradoja de los gemelos, señalada por Einstein, es un caso especial de la **paradoja del movimiento y el reposo**.

La única razón de la aparición y existencia de **la paradoja del movimiento y el reposo** es que la primera ley de Newton está definida de tal manera que no distingue entre el estado de reposo y el estado de movimiento rectilíneo uniforme. **La paradoja del movimiento y el reposo** es como un demonio maligno que vive en los cimientos de la física moderna. Este demonio influye en toda la ciencia humana.

5 . SEGUNDA LEY DE NEWTON.

En latín, la segunda ley de Newton se escribe de la siguiente manera:

> „Mutationem motus proportionalem esse vi motrici impressae et fieri secundum lineam rectam qua visilia imprimitur".

En cirílico eslavo búlgaro:

> „Изменението на количеството на движение, е пропорционално на приложената движеща сила и се извършва по тази права по която тази сила действа"

En Inglés:

> "The change in momentum is proportional to the applied driving force and occurs in the direction of the straight line along which this force acts"

En ruso:

> „Изменение количества движения пропорционально приложенной движущей силе и происходит по направлению той прямой, по которой эта сила действует"

Segunda ley de Newton:

"El cambio en la cantidad de movimiento es proporcional a la fuerza motriz aplicada y se realiza según el derecho sobre el que actúa esta fuerza".

En su obra maestra, Philosophiae Naturalis Principia Mathematica, Newton definió la segunda ley de la física en la que mostró la relación entre cantidades físicas. La primera cantidad es **la cantidad de movimiento**, la segunda cantidad es **la fuerza motriz aplicada**. La relación entre la **cantidad de movimiento** y la cantidad de **fuerza motriz aplicada** se reduce a dos fenómenos específicos.

El primer fenómeno es **la proporcionalidad** entre la cantidad de movimiento y la fuerza aplicada.

El segundo fenómeno es **un cambio en la cantidad de movimiento**.

Newton significa que la cantidad de movimiento es directamente proporcional a la fuerza y es directamente proporcional a la fuerza impulsora.

Tal como está planteada, la segunda ley de la física indica que, para Newton, **la fuerza motriz aplicada** es el fenómeno que **provoca que** se produzca el fenómeno de **cambio** de **momento** . Nótese que, dicho así, indica la presencia de cuatro cantidades físicas diferentes.

La primera es la fuerza aplicada.

El segundo es una fuerza impulsora.

El tercero es la cantidad de movimiento.

El cuarto es un cambio en la cantidad de movimiento.

Las nuevas cantidades físicas son cuatro, pero para Newton lo más importante es que **la fuerza haga** que aparezca el **cambio** en la cantidad de movimiento . Este hecho se confirma en la segunda parte de la definición de ley física, en latín:

> "...et fieri secundum lineam rectam qua visilia imprimitur".

En cirílico búlgaro eslavo :

> „...и се извършва по тази права по която тази сила действа".

En Inglés:

> „...and occurs in the direction of the straight line along which this force acts"

En ruso:

> „...и происходит по направлению той прямой, по которой эта сила действует"

Traducción del cirílico eslavo-búlgaro a otro idioma:

"...y se hace por aquel derecho por el cual actúa ese poder".

Newton, de forma breve y clara, dice que **el cambio** en la cantidad de movimiento se produce en línea recta y tiene una dirección. La dirección del cambio en la cantidad de movimiento coincide con la dirección de la fuerza actuante. Dicho esto, es extremadamente importante.

La definición de Newton es perfecta. Digo esto porque en la física moderna la definición de Newton se presenta de otra manera y la perfección desaparece.

En física moderna, la segunda ley de Newton se escribe como:

"La fuerza es igual al producto de la masa del cuerpo por la

aceleración del cuerpo".

Definida de esta manera, la segunda ley de Newton sufre serias críticas, desde el punto de vista de la ciencia Filosofía. La crítica filosófica está en relación con la subordinación de las tres cantidades físicas que representan tres fenómenos diferentes en la Una Realidad Infinita.

Los tres fenómenos son: Fuerza, Masa y Aceleración.

Ver figura 8.

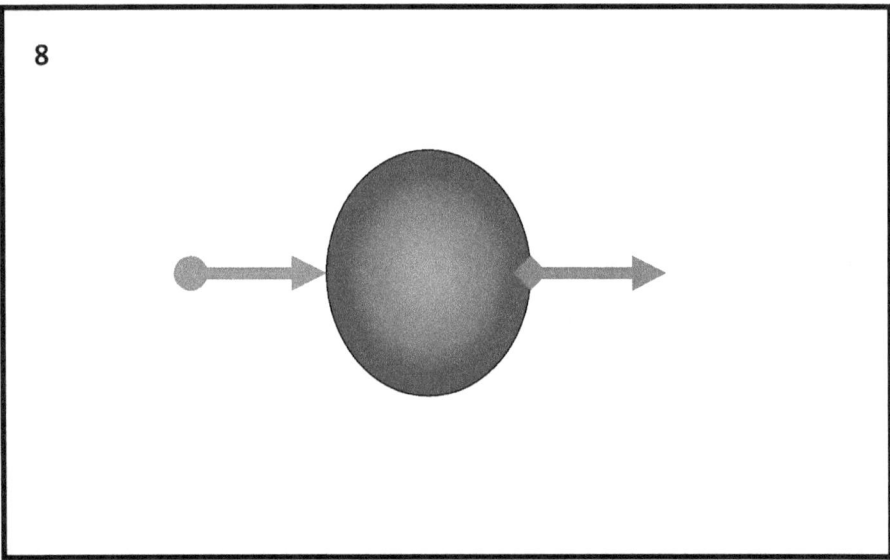

En la figura 8 se muestra una esfera que tiene una determinada masa. El tamaño de la masa en el caso concreto no importa. Se aplica una fuerza a la esfera. La fuerza se muestra con una flecha roja. La longitud de la flecha roja indica la magnitud de la fuerza. Bajo la acción de la fuerza roja, la esfera se mueve con aceleración. La aceleración se muestra con una flecha verde. La longitud de la flecha verde indica la magnitud de la aceleración. La magnitud de la fuerza que actúa sobre la esfera puede ser muy diferente. Si utilizamos el doble de fuerza, entonces la aceleración de la esfera será el doble.

Ver figura 9.

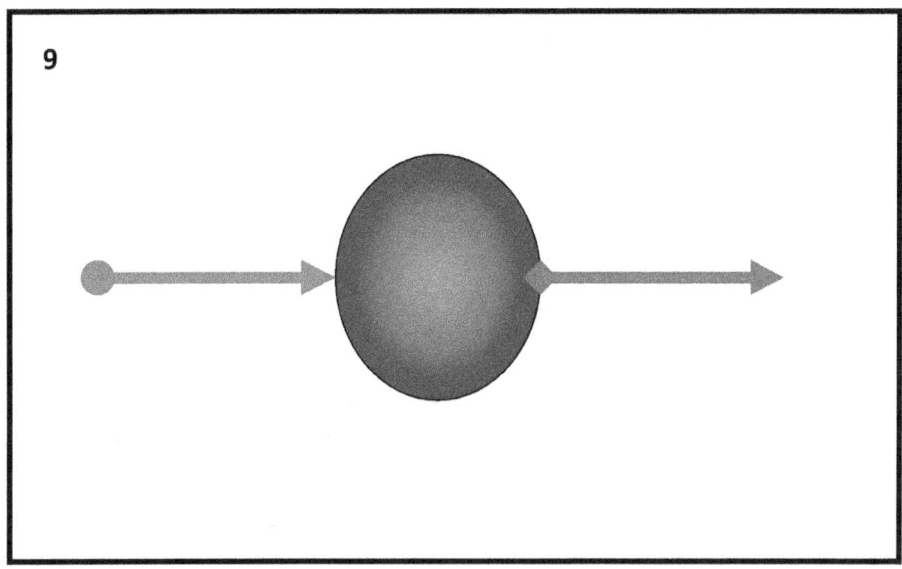

En la figura 9, se muestra que la fuerza roja es dos veces mayor en comparación con la fuerza en la figura cuatro, luego la aceleración también es dos veces mayor. La flecha verde que se muestra en la figura cinco es dos veces más grande que la flecha verde de la figura cuatro anterior.

También podemos cambiar el tamaño de la esfera. Si usamos el doble del tamaño de la esfera y no cambiamos la magnitud de la fuerza, entonces la aceleración será el doble.

Ver figura 10.

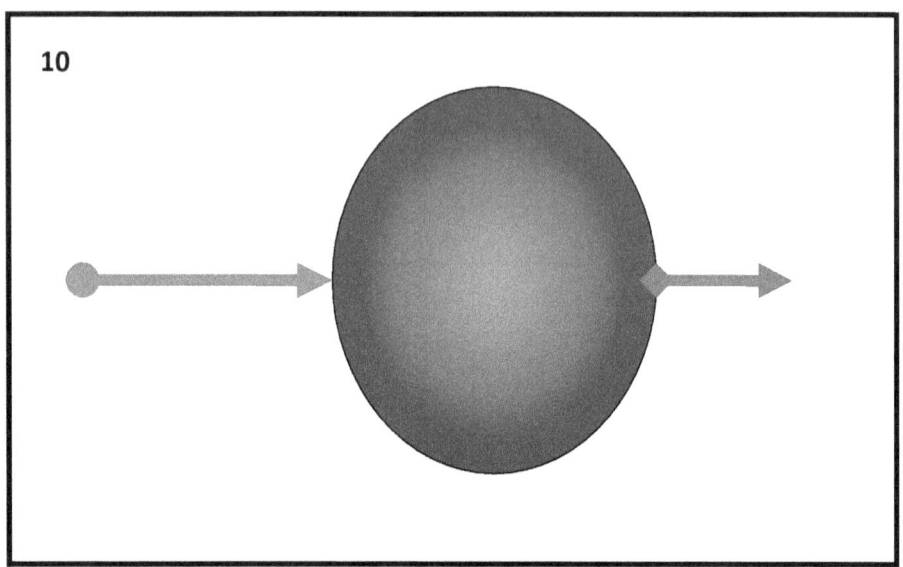

En la Figura 10 se muestra una esfera dos veces más grande y dos veces más pesada. La fuerza roja no cambia, pero la aceleración, que es la flecha verde, es dos veces menor, en comparación con la cifra cinco anterior.

Podemos hacer una variedad de combinaciones entre fuerza, peso de la esfera y aceleración de la esfera. Todas las combinaciones posibles entre estas tres cantidades físicas estarán de acuerdo con la segunda ley de Newton representada por la física moderna, a saber:

La fuerza es igual al producto de la masa de la esfera por la aceleración de la esfera.

La pregunta filosófica a la segunda ley de Newton es:

¿Cuál de estas tres cantidades físicas es primaria?

Son posibles diferentes respuestas.

La primera de las posibles respuestas es que la Fuerza es primaria. Porque si observamos una esfera sobre la que no se aplica ninguna fuerza, la esfera no se estará moviendo con aceleración, la esfera estará en reposo. Aplicamos una fuerza a la esfera y luego se produce una aceleración de la esfera. Por lo tanto, la fuerza es lo que debe aparecer primero para que la aceleración aparezca en segundo lugar. La fuerza hace que se produzca una aceleración.

Pero aquí la filosofía plantea inmediatamente la siguiente pregunta, a saber:

¿Cómo aparece el poder?

La respuesta es que para que aparezca una fuerza que pueda actuar sobre la esfera es necesario algún movimiento. El movimiento puede ser uniformemente rectilíneo o acelerado. Podría ser otra esfera que se mueve uniformemente en línea recta, o que se mueve con aceleración, hacia la esfera con la que estamos experimentando.

Ver figura 11.

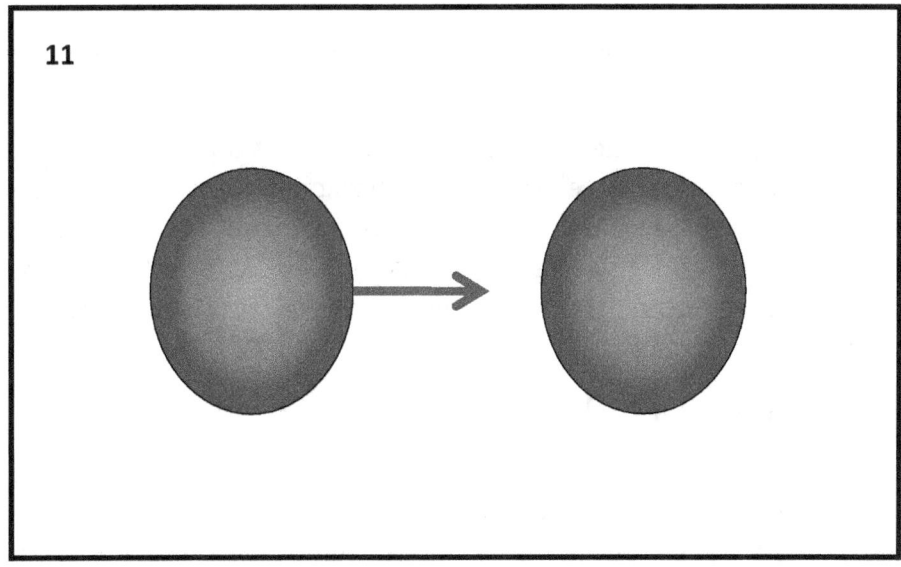

En la Figura 11 se muestran dos esferas. El derecho está en reposo. La esfera izquierda se mueve hacia la derecha con cierta velocidad.

La dirección de la velocidad y la magnitud de la velocidad se muestran con una flecha azul.

Ver figura 12.

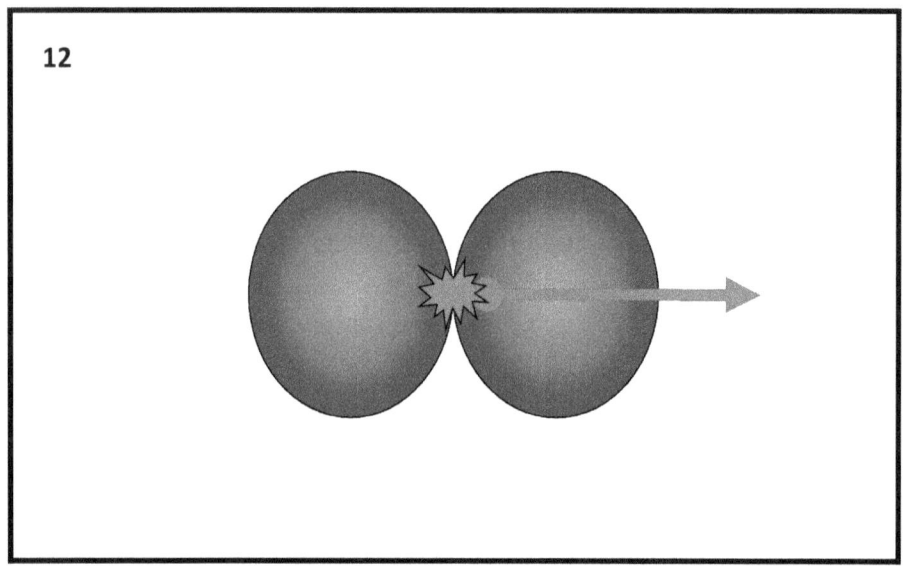

En la figura 12 se muestra el impacto entre las dos esferas. En el momento del impacto se producen aceleraciones entre los átomos que forman las esferas. El estallido rojo muestra las aceleraciones que se producen a nivel cuántico. Estas aceleraciones dan lugar a la fuerza que comienza a empujar la esfera con la que estamos haciendo experimentos.

Pero entonces, ¿tal vez la aceleración sea primaria?

Pero no debemos olvidar que para que se produzca cualquier aceleración siempre es necesaria alguna acción de fuerza, que se aplica a algún cuerpo que posea cierta masa. Entonces podemos concluir que la aceleración no es primordial.

Una tercera respuesta posible es que la masa de la esfera es una cantidad física primaria. Porque si cambiamos la masa de la esfera pero mantenemos la magnitud de la fuerza actuante, la aceleración cambiará. Podemos concluir que el cambio en la masa de la esfera es la causa del cambio en la aceleración.

Pero para cocrear el movimiento acelerado de la esfera es necesaria la acción de una fuerza. Si no actúa ninguna fuerza, la esfera no se moverá con aceleración.

Se obtiene un círculo cerrado. Cada una de estas cantidades físicas es causa de la aparición de las otras dos, y esto ocurre mediante una dependencia física rigurosamente comprobada. Esta dependencia física se llama segunda ley de Newton.

La física moderna no puede determinar cuál de estas tres cantidades físicas es primaria. Cuando se compruebe la primacía de una de las tres cantidades, entonces será la razón de la aparición de las otras dos cantidades físicas. Por ahora esto no se ha hecho.

Éste es un grave problema de la física moderna que afecta a toda la ciencia humana.

La razón de este problema es que la definición moderna de la segunda ley de Newton difiere de la definición original que propuso Newton. Al comienzo de este capítulo mostré que según Newton:

La "**fuerza motriz aplicada**" provoca que se produzca un "**cambio**" en la "**cantidad de movimiento**".

Esto es muy importante y debe recordarse.

6. TERCERA LEY DE NEWTON.

Tercera ley de Newton escrita en latín:

> „Actioni contrariam semper et aequalem esse reactionem: sive corporum duorum actiones in se mutuo semper esse aequales et in partes contrarias dirigi"

Escrito en eslavo búlgaro y cirílico:

> „Действието винаги е равно и противоположно на противодействието, иначе казано взаимодействията на две тела, едно върху друго, по между си, са равни и са насочени в противоположни посоки"

Escrito en ruso:

> „Действию всегда есть равное и противоположное противодействие, иначе — взаимодействия двух тел друг на друга между собою равны и направлены в противоположные стороны".

Escrito en ingles:

> „An action always has an equal and opposite reaction, otherwise the interactions of two bodies against each other are equal and directed in opposite directions".

Traducido del cirílico búlgaro eslavo a otro idioma:

"La acción es siempre igual y opuesta a la contraacción, es decir, las interacciones de dos cuerpos, uno sobre otro, entre sí, son iguales y se dirigen en direcciones opuestas"

La ley está definida de forma concisa y clara.

Desde un punto de vista filosófico, la tercera ley de Newton ha sufrido serias críticas.

No existen condiciones restrictivas en la definición de la ley. Las condiciones limitantes indican cuándo se aplica la ley y cuándo no. La ausencia de condiciones restrictivas da motivos a algunos investigadores para afirmar que la tercera ley de Newton se considera un principio físico.

La ausencia de un área definitoria que muestre cómo funciona la ley es un requisito previo para la existencia de especulaciones que dificultan la comprensión adecuada de la naturaleza de la ley. De esta manera, parece que la fuerza de contrarrestación no existe y que la fuerza de contrarrestación es una fuerza ficticia.

La esencia de la ley se revela a través de cifras.

Ver figura 13.

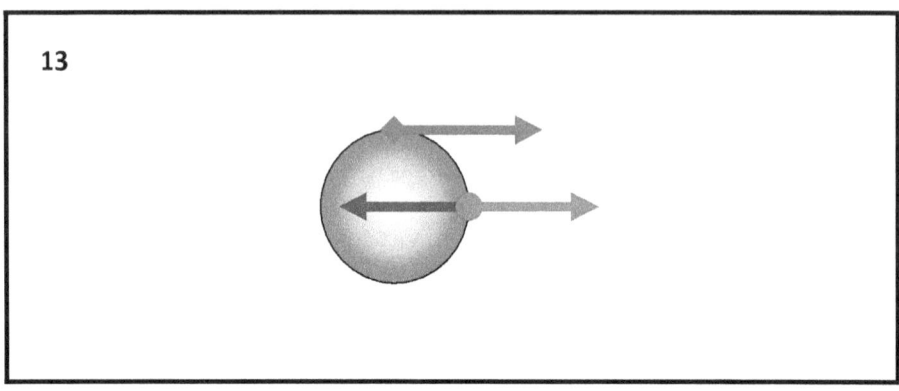

En la figura 13 se muestra una esfera y las fuerzas que actúan sobre ella. Se aplica una fuerza roja a la esfera, que tira de la esfera hacia la derecha, y una fuerza azul, que se opone a la roja. La fuerza roja tira de la esfera y la esfera comienza a moverse con aceleración. La aceleración se muestra con una flecha verde. La dirección de la aceleración coincide con la dirección de la fuerza de tracción roja.

Una fuerza actuante puede ser una fuerza empujadora. Depende del punto de aplicación de la fuerza.

Ver figura 14.

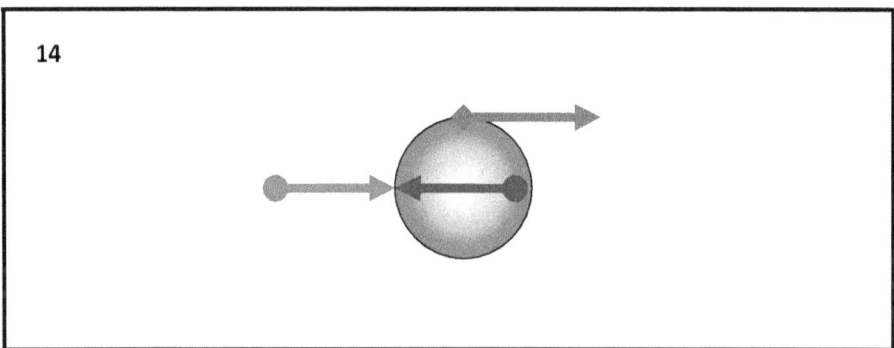

La Figura 14 muestra una fuerza de empuje roja y una fuerza azul que se opone a la roja. La flecha verde muestra la dirección de la aceleración. También es posible un caso de acción de fuerza central.

Ver Figura 15.

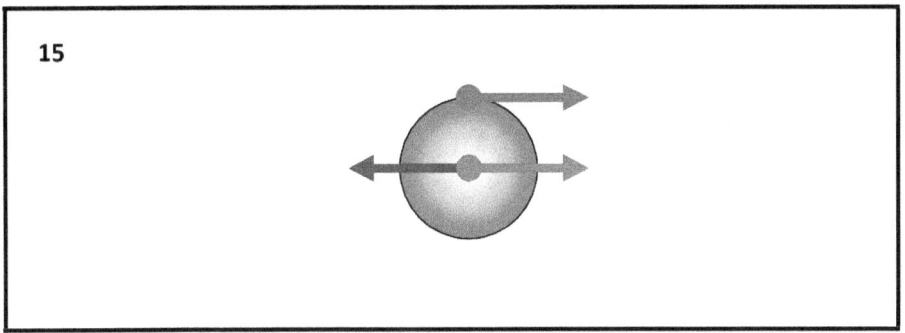

En la figura 15, se muestra una fuerza de tracción roja que actúa centralmente y una fuerza azul que contrarresta la roja. La flecha verde muestra la magnitud y dirección de la aceleración.

Algún lector se preguntará: ¿Por qué describo estas cosas elementales con tanto detalle?

Mi respuesta es esta:

Porque este libro es para personas que no tienen una formación especial en Física.

Porque estas cosas son muy importantes y hay que entenderlas correctamente.

Porque he enseñado física, tanto a niños como a adultos, y todos dicen conocer la tercera ley de Newton, y están convencidos de que la entienden. Y a medida que continúa la conversación, algunos de ellos llegan a la conclusión de que la contrafuerza no existe, que la contrafuerza es una fuerza ficticia y se coloca allí por conveniencia.

Algunos de mis alumnos, después de mirar la figura 15, dicen lo siguiente:

"El poder azul es igual al poder rojo, y el poder azul es lo opuesto al poder rojo. Entonces estas dos fuerzas se anulan entre sí. Por tanto, la esfera no puede moverse con aceleración. Si la esfera se mueve con aceleración, entonces la fuerza azul es ficticia. El azul no existe. La contramedida no existe. Sólo la fuerza de atracción roja continúa actuando y luego, de la segunda ley de Newton, se deduce que la esfera se mueve con aceleración."

Surge la pregunta: ¿Qué fundamenta tal conclusión?

La respuesta está en el hecho de que en la ciencia de la física hay dos divisiones grandes y distintas. Estos se llaman dinámica y estática. Al realizar experimentos mentales físicos, siempre se debe considerar de cuál de estas dos ramas de la física se trata el experimento en particular.

Ver figura 16

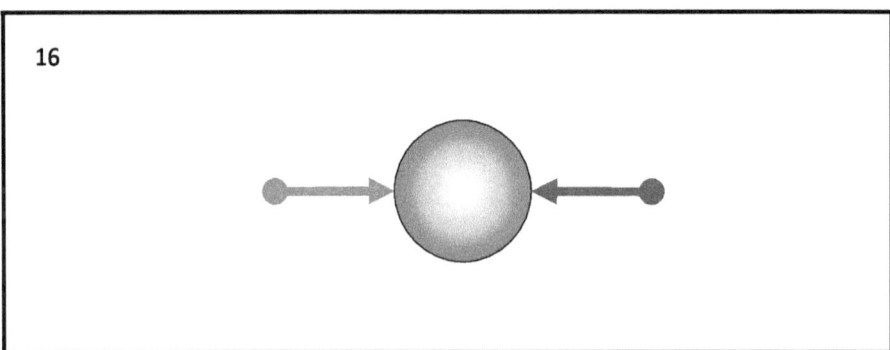

La Figura 16 muestra una esfera y dos fuerzas que actúan simultáneamente sobre la esfera. La fuerza azul es igual a la fuerza roja y ambas fuerzas están dirigidas entre sí. Las fuerzas azul y roja se cancelan entre sí y la esfera está en reposo o en movimiento rectilíneo uniforme. Este es un experimento clásico de la sección de estática de Física. La figura doce que se muestra es muy similar a las figuras trece, catorce y quince. La diferencia esencial entre las dos figuras es que los puntos de aplicación de las fuerzas son dos distintos. El poder azul tiene su propio punto de aplicación, que es diferente del punto de aplicación del poder rojo. Cuando analizamos la tercera ley de Newton, la fuerza de acción y la fuerza de reacción tienen el mismo punto de aplicación, como se muestra en la figura once. Este hecho es muy importante, y para entenderlo tenemos que leer lo que dice Newton en su libro "Principios matemáticos de la física".

"Si algo presiona o tira de otra cosa, entonces ella misma es aplastada o tirada por ésta. Si uno presiona una piedra con el dedo, la piedra también presiona el dedo. Si el caballo arrastra una piedra atada a una cuerda, entonces, a la inversa (por así decirlo), tira de la piedra con el mismo esfuerzo, porque una cuerda tensa, debido a su elasticidad, produce la misma fuerza sobre el caballo que sobre la piedra, y sobre la piedra al caballo, y tanto como esta cuerda impide que el caballo avance, tanto hace que la piedra avance'.

En cirílico eslavo-búlgaro:

> „Ако нещо притисне нещо друго или го дърпа, то самото то се смачква или издърпва от това последното. Ако някой натисне камък с пръста си, тогава неговият пръст също е притиснат от камъка. Ако конят влачи камък, вързан за въже, тогава, обратно (така да се каже), той се дърпа към камъка с еднакво усилие, защото опънато въже, поради своята еластичност, произвежда същата сила върху коня към камъка и на камъка към коня и колкото това въже пречи на коня да върви напред, толкова и кара камъка да върви напред".

En Inglés:

> „If something presses on something else or pulls it, then it itself is crushed or pulled by this latter. If someone presses a stone with his finger, then his finger is also pressed by the stone. If a horse drags a stone tied to a rope, then, back (so to speak), it is pulled towards the stone with equal effort, because the stretched rope, by its elasticity, produces the same force on the horse towards the stone and on the stone towards the horse, and as much as this rope prevents the horse from moving forward, so much does it impel the stone to move forward"

En ruso:

> „Если что-либо давит на что-нибудь другое или тянет его, то оно само этим последним давится или тянется. Если кто нажимает пальцем на камень, то и палец его также нажимается камнем. Если лошадь тащит камень, при-вязанный к канату, то и, обратно (если можно так выразиться), она с равным усилием оттягивается к камню, ибо натянутый канат своею упругостью производит одинаковое усилие на лошадь в сторону камня и на камень в сторону лошади, и насколько этот канат препятствует движению лошади вперед, настолько же он побуждает движение вперед камня"

Con la ayuda de algunas figuras, mostraré qué es acción y qué es contraataque.

Ver Figura 17.

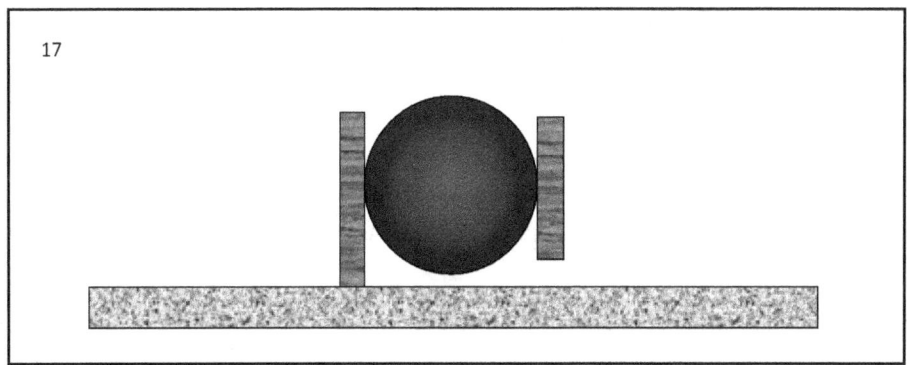

17

La Figura 17 muestra una pelota de goma azul. La pelota se encuentra entre dos tableros luminosos, tableros. El tablero izquierdo está firmemente fijado sobre una pesada losa de piedra, granito. El tablero derecho está libre y se puede mover. Aplicamos una acción de fuerza sobre el tablero derecho.

Ver figura 18.

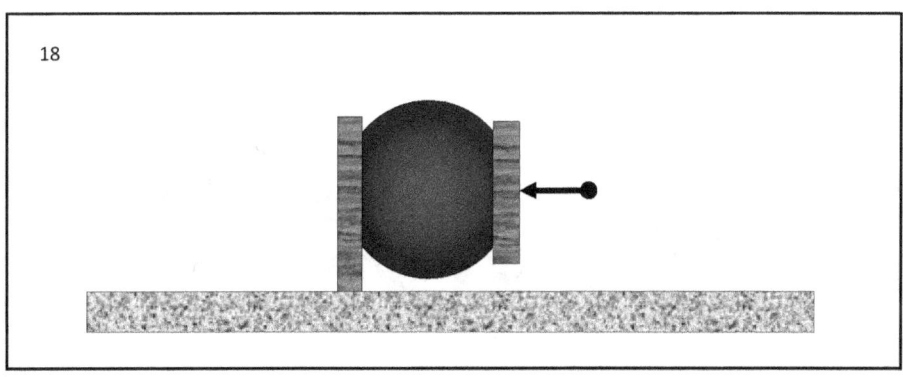

18

En la Figura 18, se puede ver que la fuerza negra se aplica al tablero derecho. El tablero se coloca para evitar que la pelota explote. La fuerza actúa de derecha a izquierda. El tablero presiona la pelota de goma y la pelota se deforma de derecha a izquierda. Exactamente la misma deformación ocurrirá en el lado izquierdo de la pelota. Allí se coloca una tabla, que está firmemente unida a la losa de granito y es inamovible. Mira la figura. La pelota se deforma por igual en ambos lados. La deformación correcta es provocada por **la acción** del tablero derecho, sobre la pelota. La deformación izquierda es causada por **la reacción** del tablero izquierdo sobre la pelota. Puedo decir que este es un experimento clásico perfecto que muestra **acción** y **contraataque** , en la sección de estática de la ciencia de la Física. Revisemos lo que dice Newton en su gran obra "Principios matemáticos de la física".

"Si uno presiona una piedra con el dedo, la piedra también presiona su dedo".

Se puede realizar un experimento que muestre la acción y contrarrestación en la sección de dinámica de la ciencia de la Física.

Ver figura 19.

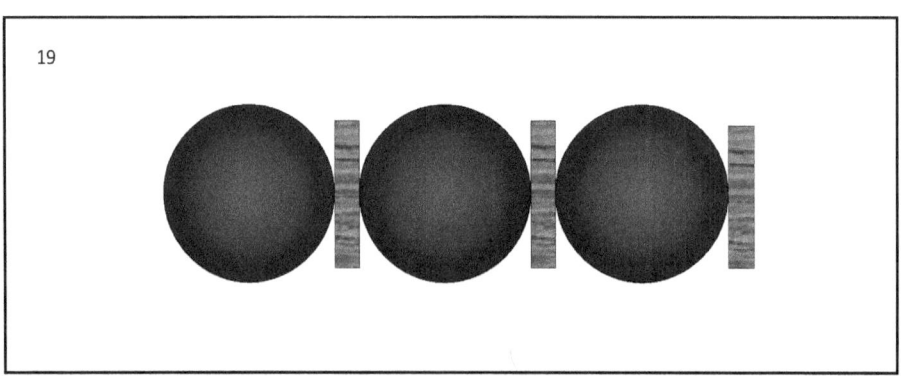

La Figura 19 muestra tres pelotas de goma azules y tres tableros luminosos de madera. Aplicamos la acción de fuerza.

Ver Figura 20.

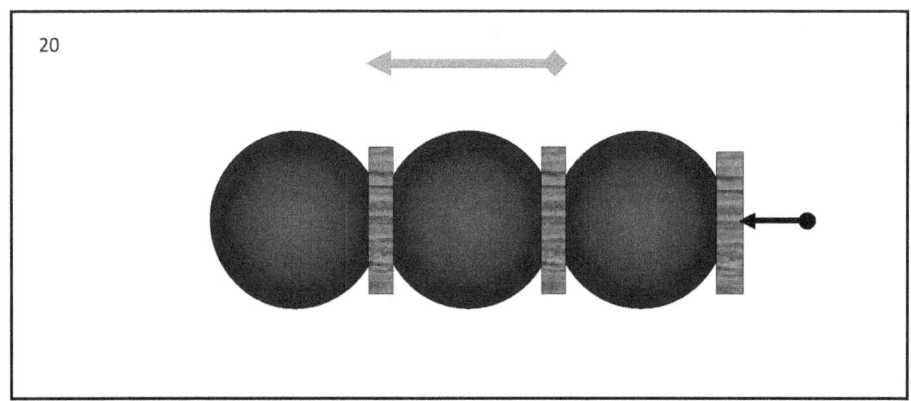

La Figura 20 muestra las bolas, los tableros y la fuerza negra que actúan de derecha a izquierda. La acción de la fuerza negra obliga a las bolas y a los tableros a moverse con aceleración, de derecha a izquierda. La flecha verde en la parte superior es la aceleración. Observa atentamente la figura y comprenderás **la acción** y **contrarrestación** en la sección de dinámica de la ciencia de la Física.

El tablero izquierdo y el tablero central se pueden quitar. El de la derecha no, porque la pelota estallará. Al retirar las dos tablas, la deformación de las tres bolas no cambiará. Ya sabes por qué.

La esencia de la tercera ley de Newton se reduce a la siguiente afirmación:

Por cada acción de una fuerza, existe una fuerza que actúa de igual magnitud y de dirección opuesta.

Surge la pregunta:

¿Cuál es la magnitud de estas dos fuerzas y cómo podemos estar seguros de que existen y actúan siempre simultáneamente?

Haremos un experimento mental y mostraremos y mediremos

una fuerza real que actúa sobre una esfera.

Ver figura 21.

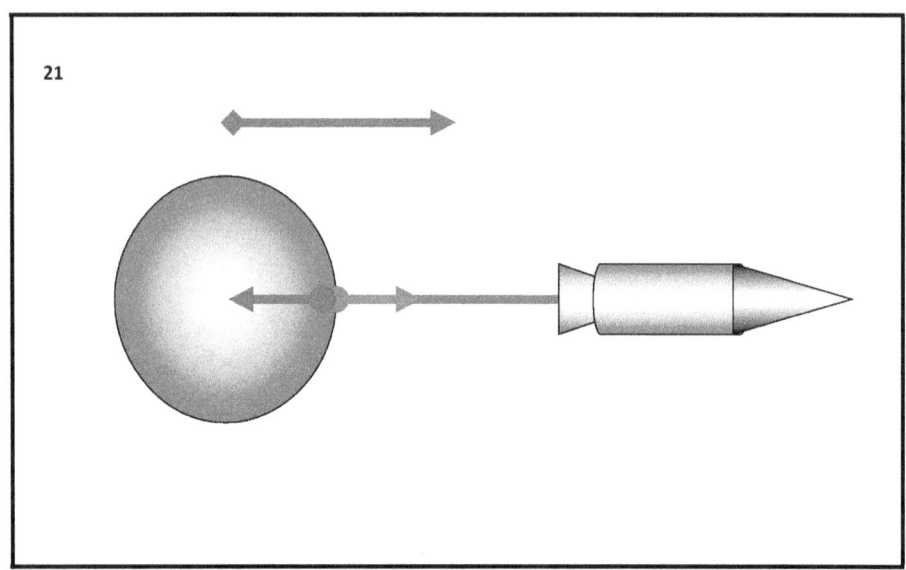

En la figura 21 se muestra la esfera y un cohete está atado a la esfera con una cuerda. Arrancamos el motor del cohete, el cohete tira de la cuerda y el cohete comienza a tirar de la esfera. El cohete actúa sobre la esfera con cierta fuerza. La esfera comienza a moverse con aceleración. La aceleración se muestra con una flecha verde. La flecha roja es la fuerza de acción, la azul es la fuerza de reacción. Es necesario medir la fuerza de la acción y la fuerza de la contraataque. Las fuerzas se miden utilizando un medidor de fuerza.

Ver Figura 22.

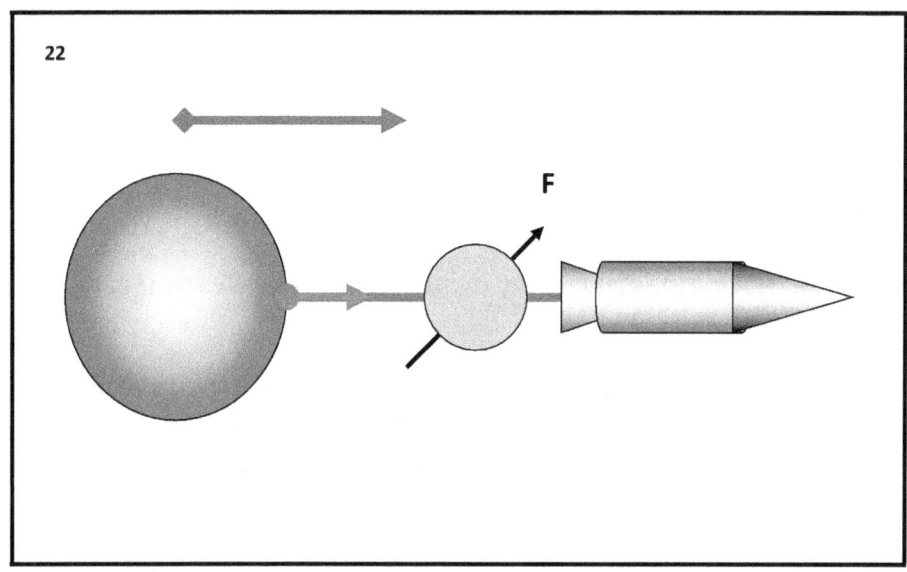

En la figura 22 se muestran la esfera, el cohete y la cuerda entre ellos. En el centro de la cuerda se coloca un medidor de fuerza, que mide la acción y la contraataque. La fuerza roja es la fuerza de acción, la fuerza azul es la fuerza de reacción. La flecha verde muestra la aceleración.

La figura veintidós muestra la esencia de la tercera ley de Newton.

El experimento que se muestra en la figura dieciocho prueba y explica la existencia de acción y contraataque. Siempre que analicemos la tercera ley de Newton debemos imaginar el experimento que se muestra en esta figura y el experimento con las tres bolas azules.

7. LEY DE GRAVITACIÓN DE NEWTON.

Según la física moderna, la ley de gravitación de Newton establece que:

La fuerza de atracción gravitacional entre cuerpos es directamente proporcional al producto de los dos cuerpos e inversamente proporcional al cuadrado de la distancia entre los dos cuerpos.

Dicho de otra manera, la magnitud de la fuerza gravitacional con la que dos cuerpos se atraen entre sí es igual a la masa de un cuerpo multiplicada por la masa del otro cuerpo dividida por la distancia entre los dos cuerpos al cuadrado.

La ley de gravitación de Newton se escribe como:

$$F = \frac{M.m}{r^2}.G$$

Dónde:

F es la fuerza de atracción gravitacional entre los dos cuerpos.

M es la masa del cuerpo mayor.

m es la masa del cuerpo más pequeño.

r es la distancia entre los centros de los dos cuerpos.

G es la constante gravitacional.

Desde un punto de vista filosófico, la tercera ley de Newton ha sufrido serias críticas.

La crítica filosófica se dirige contra la forma en que se define el fenómeno de la fuerza en la física moderna. En la física moderna, existen dos expresiones matemáticas diferentes para la fuerza. Las dos expresiones matemáticas fueron enunciadas por Newton.

La primera expresión matemática está representada por la segunda ley de Newton, que establece que:

La fuerza es igual al producto de la masa por la aceleración.

$$F = m.a$$

La segunda expresión matemática, representada por la ley de Newton, es la fuerza de atracción gravitacional.

$$F = \frac{M.m}{r^2}.G$$

El hecho de que exista igualdad entre masa pesada e inercial, y **el principio de equivalencia de Einstein**, nos permite establecer la igualdad entre estas dos expresiones matemáticas. Se obtiene:

$$F = \frac{M.m}{r^2}.G = m.a$$

La posibilidad de escribir esta igualdad de esta manera, desde un punto de vista filosófico, es un defecto de la física moderna. El principio de equivalencia de Einstein legitima la expresión matemática de la igualdad de las dos fuerzas.

El principio de equivalencia de Einstein juega un papel extremadamente importante en la física moderna.

El principio de equivalencia de Einstein se encuentra en la base de la Teoría General de la Relatividad.

El Principio de Equivalencia de Einstein es una ley fundamental mediante la cual se crean las concepciones humanas de la Realidad Una Infinita.

El principio de equivalencia es un paradigma de la ciencia humana moderna.

8. MOVIMIENTO RELATIVO A VELOCIDAD CONSTANTE.

Einstein dice que la velocidad constante de un cuerpo de prueba depende de la elección del **sistema de referencia inercial**.

Ver figura 23.

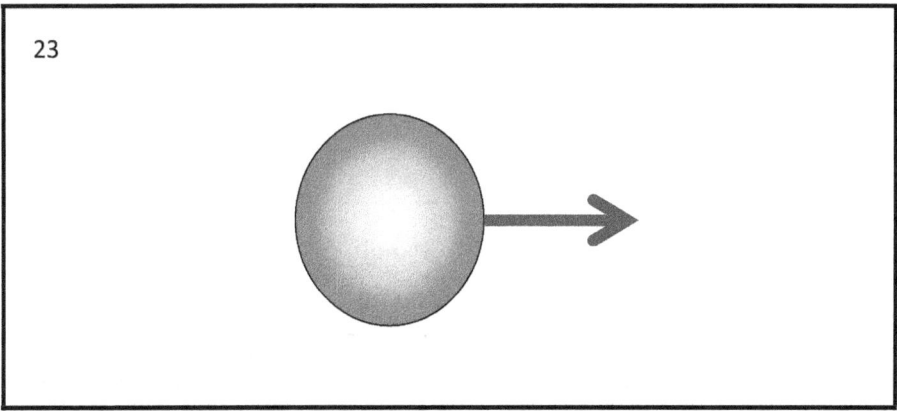

En la figura 23, se muestra una esfera que **se mueve con velocidad constante** . La flecha azul muestra la dirección y magnitud de la velocidad constante.

Desde un punto de vista físico, la expresión **se mueve a una velocidad constante.** es incompleto e inexacto porque no se proporciona ningún valor numérico de la magnitud de la velocidad ni ningún sistema de coordenadas.

El fenómeno del valor numérico de **una magnitud** de velocidad constante tiene un significado físico sólo cuando se indica el sistema de coordenadas con respecto al cual se mueve la esfera a velocidad constante.

Ver figura 24.

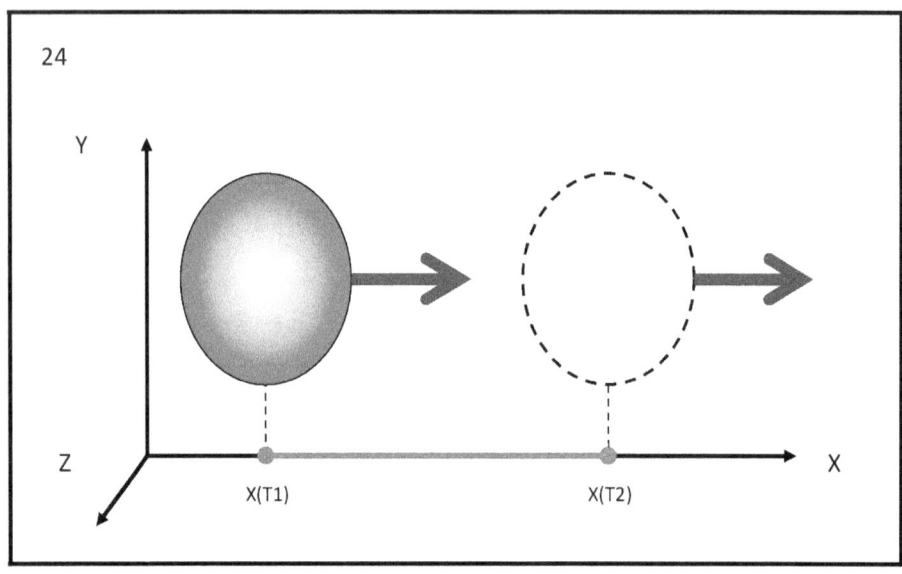

La Figura 24 muestra un sistema de coordenadas y una esfera que se mueve a una velocidad constante con respecto al sistema de coordenadas. La velocidad constante se muestra con una flecha azul. En este sistema de coordenadas, la esfera se mueve cierta distancia en algún tiempo. El movimiento se muestra en rojo. Cuando dividimos el desplazamiento por el intervalo de tiempo, obtenemos la velocidad de la esfera con respecto a este sistema de coordenadas. La longitud de la flecha azul indica la magnitud de la velocidad constante. La magnitud de la velocidad constante de la esfera depende del estado de movimiento o reposo de cualquier sistema de referencia inercial específicamente elegido. Si elegimos otro sistema de coordenadas inercial, la velocidad será diferente.

Ver figura 25.

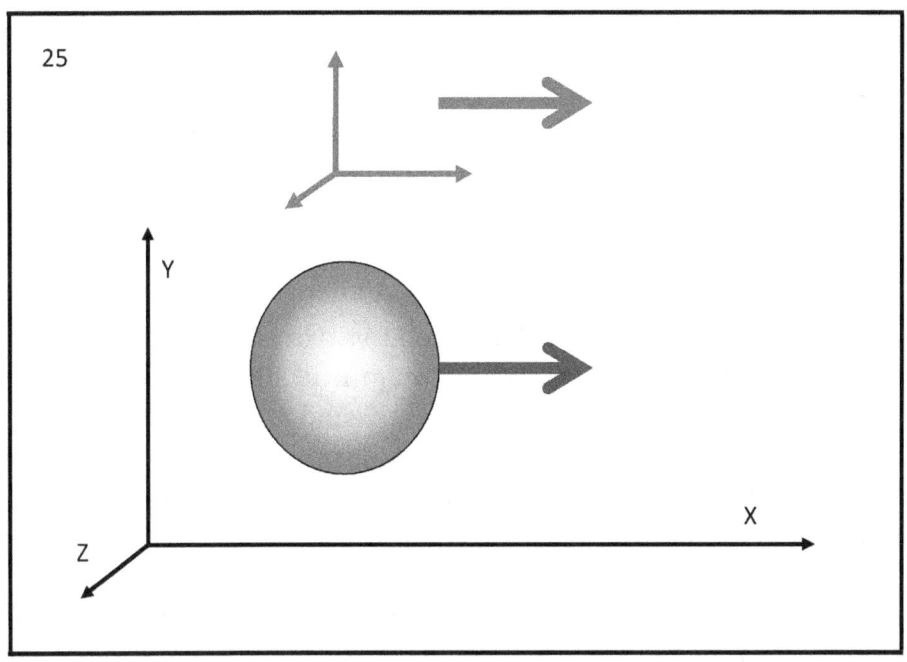

La Figura 25 muestra un sistema de coordenadas grande formado por flechas negras, una esfera que se mueve a una velocidad constante en relación con el sistema de coordenadas negro y un sistema de coordenadas pequeño formado por flechas verdes. El sistema de coordenadas verde se mueve a velocidad constante. La magnitud de la velocidad y la dirección de la velocidad se muestran con una flecha verde. La flecha verde es igual a la flecha azul. La esfera y el sistema de coordenadas verde se mueven, uno al lado del otro, a la misma velocidad constante, en la misma dirección. Entonces la esfera está en reposo con respecto al sistema de coordenadas verde.

La esfera se encuentra simultáneamente en dos estados, a saber, en reposo con respecto al sistema de coordenadas verde y en estado de movimiento, con velocidad constante, con respecto al sistema de coordenadas negro.

La velocidad de la esfera en el sistema de coordenadas verde es cero, la velocidad de la esfera en el sistema de coordenadas negro es mayor que cero.

Cuando Einstein dice que la velocidad constante de un cuerpo de prueba depende de la elección del **sistema de referencia inercial**, se refiere a lo que hemos mostrado con las figuras.

Velocidad constante relativa significa velocidad constante dependiente .

La dependencia de la velocidad es relativa a **la elección** del sistema de coordenadas y depende de la magnitud de la velocidad con la que se mueve **el sistema de coordenadas seleccionado** . **La elección** de un sistema de coordenadas con respecto al cual se realiza la **medición** de la velocidad es **la elección** de otra velocidad diferente.

La selección y la medición son formas de reflexión realizadas por el sujeto que realiza el experimento particular .

Encuentre y vea en la red: "Teoría de la reflexión" del académico Todor Pavlov.

Cada experimentador es un sujeto en relación con el objeto presente en el experimento. Cuando el sujeto elige por primera vez el estado del objeto, propone un nuevo estado específico. En el experimento que estamos analizando hay dos estados concretos: reposo o movimiento. La nueva propuesta estatal es una propuesta de convención. Una convención es un contrato que establece lo que es verdad y lo que no es verdad. El contrato puede ser aceptado por los demás investigadores, sujetos. Pero también se puede rechazar. A esto se le llama convencionalidad en la ciencia. Filosóficamente, la convencionalidad es un gran problema en la ciencia humana moderna.

9. MOVIMIENTO ABSOLUTO CON ACELERACIÓN CONSTANTE.

Albert Einstein dice:

"Las aceleraciones y rotaciones son absolutas, no dependen de la elección del sistema inercial".

Lo que dice Einstein es muy importante. Hay que entenderlo muy bien.

Ver Figura 26.

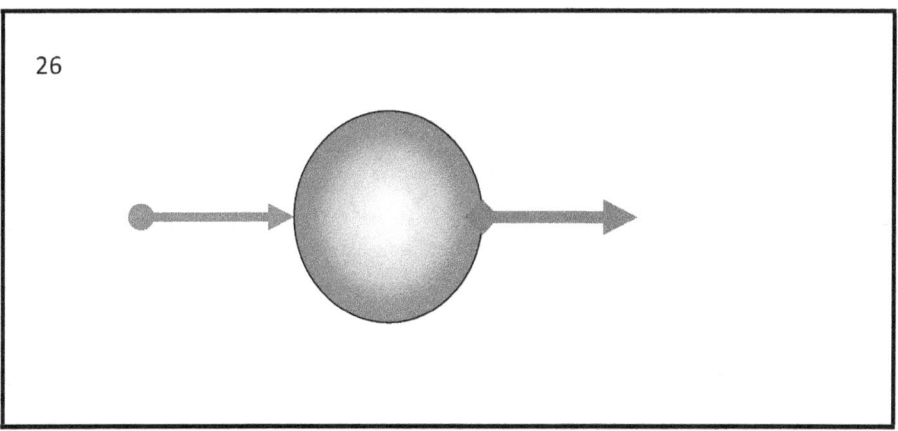

En la figura 26 se muestra una esfera y dos flechas. La flecha roja es una fuerza que empuja la esfera de izquierda a derecha. Bajo la acción de la fuerza roja, la esfera se mueve con aceleración, de izquierda a derecha. La flecha verde muestra la dirección y magnitud de la aceleración. No se muestra ningún sistema de coordenadas. No es necesario. Porque la aceleración de la esfera es absoluta, lo que significa que la medición de la magnitud de la aceleración se puede realizar sin necesidad de un sistema de coordenadas. Esto significa que la aceleración de la esfera no depende de la elección del sistema de coordenadas. Podemos elegir cualquier sistema de coordenadas inercial y medir la aceleración de la esfera con respecto a él. La magnitud de la aceleración medida será la misma, una constante.

Ver figura 27.

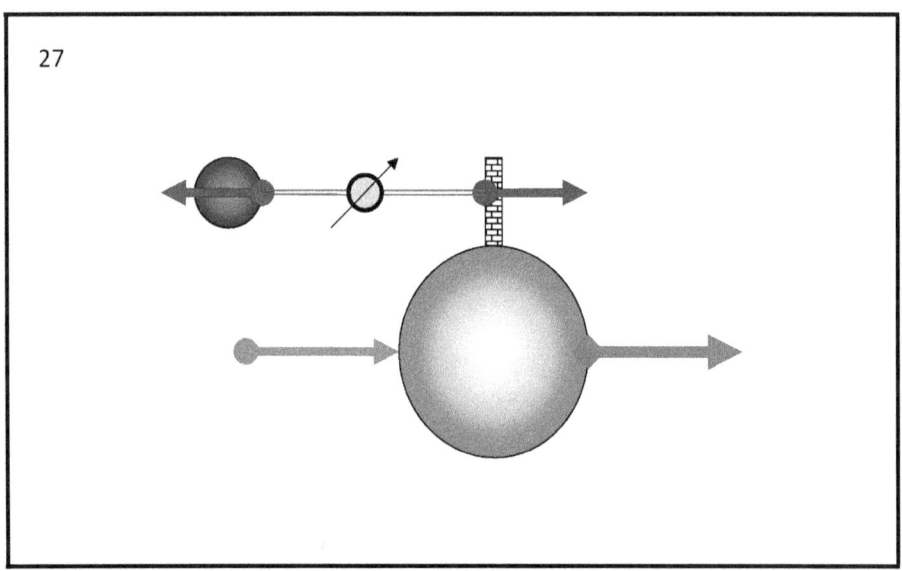

La Figura 27 muestra una fuerza roja que empuja la esfera de izquierda a derecha. Bajo la influencia de la fuerza, la esfera se mueve de izquierda a derecha con aceleración. La dirección y magnitud de la aceleración se muestran con una flecha verde. Se hace un muro de contención en el extremo superior de la esfera. Se entrega una pequeña esfera roja que está atada a la pared con una cuerda marrón. En el centro de la cuerda se coloca un dispositivo de medición de fuerza, un dinamómetro. La esfera roja es un cuerpo de muestra seleccionado con una masa de referencia.

La pared tira de la pequeña esfera roja, con cierta fuerza, que se muestra con una flecha violeta. De acuerdo con la tercera ley de Newton, la pequeña esfera roja contrarresta la fuerza violeta, con una fuerza igual en magnitud pero de dirección opuesta. La contramedida se muestra con una flecha azul. El medidor de fuerza mide la acción y la contraataque.

Se conoce la masa de la esfera de referencia roja y ya se ha medido la magnitud de la fuerza violeta que actúa sobre ella. Utilizando la segunda ley de Newton, se calcula la aceleración de la pequeña esfera. La aceleración calculada de la pequeña esfera roja es igual a la aceleración de la esfera grande. Ésta es sólo una forma de determinar la aceleración de la esfera grande. Este método es universal. Es posible utilizar diferentes cuerpos de prueba para colocarlos en diferentes lugares de la esfera grande. A través de estos cuerpos de prueba, siempre podemos medir la fuerza de acción y la fuerza de contraataque y así determinar la magnitud de la fuerza que actúa sobre el cuerpo de prueba específico, después de lo cual calculamos la aceleración.

No se utiliza ningún sistema de coordenadas para determinar la aceleración. El método que utilizamos muestra que la aceleración **no depende** del sistema de coordenadas, que se mueve a velocidad constante o está en estado de reposo.

Por eso Albert Einstein dijo:

"Las aceleraciones y rotaciones son absolutas, independientemente de la elección del sistema inercial".

Ver figura 28.

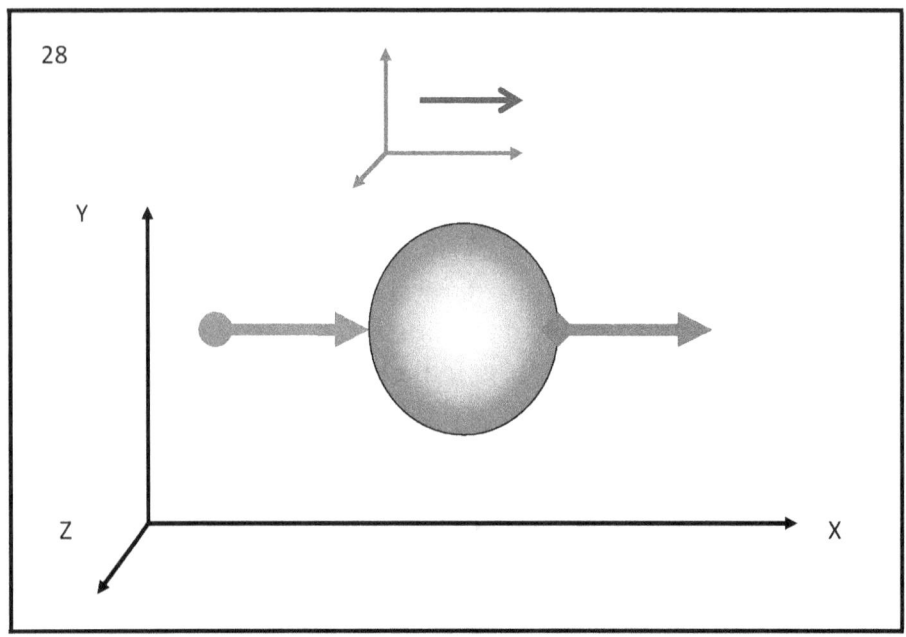

En la figura 28 se muestra un sistema de coordenadas formado por flechas negras, que está en reposo.

Se proporciona un pequeño sistema de coordenadas, que está formado por flechas verdes. El pequeño sistema de coordenadas verde se mueve con respecto al gran sistema de coordenadas negro, a una velocidad constante, uniformemente en línea recta. La magnitud de la velocidad y la dirección de la velocidad en el sistema de coordenadas verde se muestran mediante la flecha azul.

Dada una esfera sobre la que se aplica la acción de un empuje rojo. Bajo la acción del empuje rojo, la esfera se mueve con aceleración. La aceleración se muestra con una flecha verde. La dirección de la fuerza roja coincide con la dirección de la aceleración verde. La longitud de la flecha verde indica la magnitud de la aceleración.

La esfera se mueve con **la misma aceleración** en relación con el sistema de coordenadas negro grande y con respecto al sistema de coordenadas verde pequeño. La esfera negra grande está en reposo, la verde pequeña se mueve, pero aun así la aceleración de la esfera es la misma para ambos sistemas de coordenadas. La razón de esta igualdad es que la aceleración es absoluta.

He mostrado una prueba detallada de esta afirmación en La Paradoja de la Vara. Sexta parte". Editorial E.D.B. Amazonas. Este es un cómic para niños y adultos, en el que he presentado las leyes básicas de la física a través de dibujos.

10. ATRIBUCIÓN DE TIPOS DE MOVIMIENTOS.

*****

Explicaciones filosóficas

La ciencia moderna de la física define dos tipos básicos de movimiento, que son el movimiento absoluto y el movimiento relativo.

El concepto de **absoluto** y el concepto de **relativo** son categorías filosóficas. En las ciencias humanas, la relación entre estas dos categorías no está clara. En el caso general, lo absoluto y lo relativo se oponen y se colocan en una posición de contradicción antagónica. Este enfoque es incorrecto. Lo absoluto y lo relativo están en una unidad dialéctica. La categoría **absoluta** y la categoría **relativa** son un par de categorías.

Propongo utilizar la idea de que la relación dialéctica entre la categoría **relativa** y la categoría **absoluta** es la siguiente :

Lo absoluto se refiere.

Lo relativo se vuelve absoluto.

De esta manera, quedan incluidos en los pares de categorías de la dialéctica de Hegel.

*****

Los movimientos absolutos son bien conocidos en la física moderna. Ya he dicho que, según Einstein, los movimientos con aceleración y el movimiento de rotación son movimientos absolutos. Las relaciones entre los diferentes tipos de movimientos absolutos son diversas, y es necesario someterse a un análisis filosófico, dialéctico general.

Para ello, realizaremos experimentos mentales apropiados.

Ver figura 29.

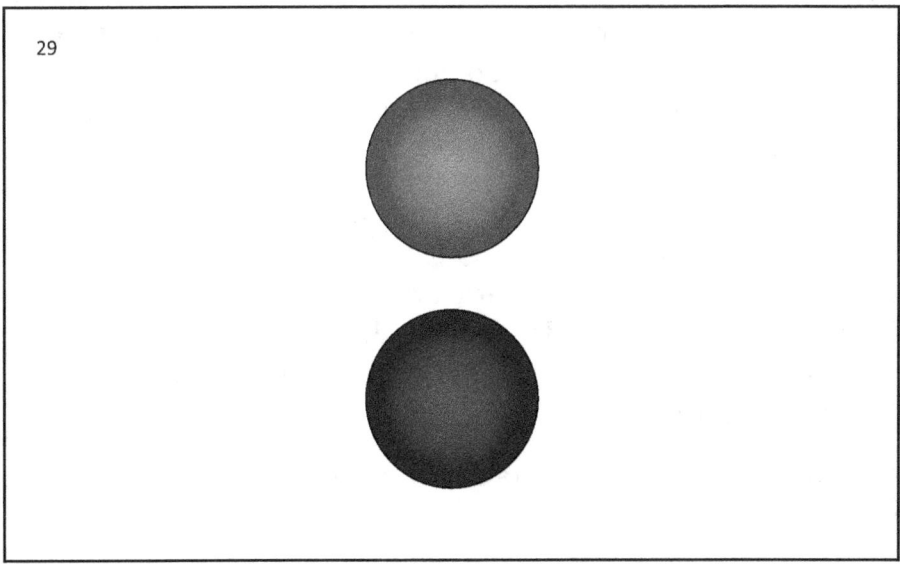

29

En la Figura 29 se muestran dos esferas. Esfera verde y esfera azul. Las esferas son del mismo tamaño y tienen la misma masa. Las dos esferas están en **reposo una respecto de la otra**. En la figura no se muestra ningún sistema de coordenadas.

*****

Comentarios filosóficos:

Cuando nosotros, los sujetos que realizamos el experimento, decimos " **en reposo entre sí** ", significa que nosotros, **los sujetos**, no necesitamos un sistema de coordenadas para demostrar el estado de reposo entre las dos esferas.

Esto significa que **los objetos** del experimento, que son las dos esferas, no necesitan un sistema de coordenadas para probar, mostrar, establecer el estado de reposo de las dos esferas.

En la figura no se muestra ningún sistema de coordenadas.

Esto significa que el estado de reposo entre las dos esferas depende única y exclusivamente de las dos esferas y de **la relación** de una esfera con la otra. Las condiciones físicas bajo las cuales se produce la relación entre las dos esferas están predefinidas por el sujeto que realiza el experimento.

El concepto de **actitud** es una categoría filosófica. El acto de **relacionarse** entre las dos esferas prueba, muestra, establece el estado de reposo que objetivamente **existe** entre las dos esferas. La existencia objetiva del estado de reposo, en condiciones específicas, absolutiza el estado de reposo entre las dos esferas. La oración correcta es:

Las dos esferas se encuentran en un estado de reposo absoluto **entre sí.**

El estado de paz absoluta entre las dos esferas es posible mediante la relación, única y única, de una esfera con la otra, y viceversa.

*****

Nosotros, los sujetos que realizamos el experimento, aplicamos una acción de fuerza a las dos esferas que son objeto del experimento.

Ver figura 30.

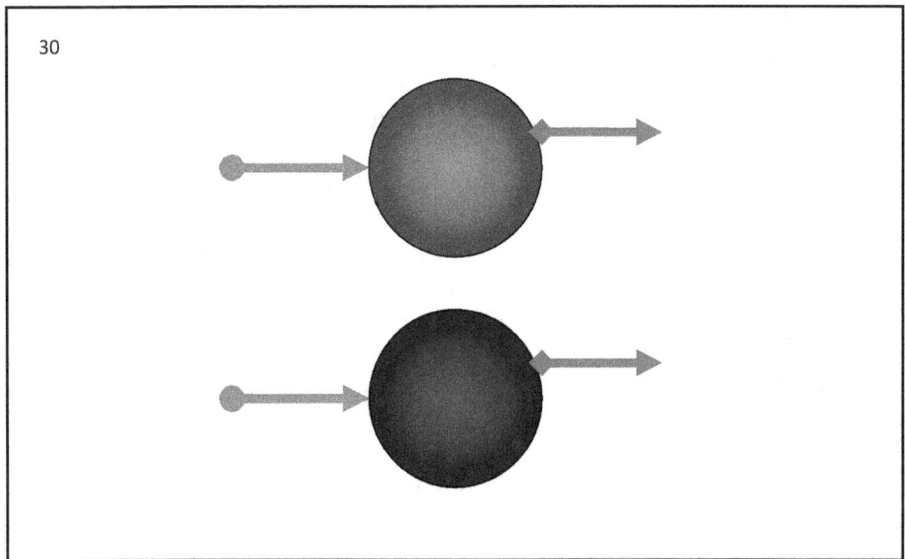

En la Figura 30, se puede ver que se aplican dos fuerzas de empuje iguales, rojas, a las dos esferas. No hay ningún sistema de coordenadas en la figura. La longitud de las dos flechas rojas es la misma.

Las dos fuerzas de empuje se aplican simultáneamente a ambas esferas. Las dos esferas comienzan simultáneamente a moverse con aceleración. La aceleración se muestra con flechas verdes. La aceleración de las dos esferas es la misma. La longitud de las flechas verdes es la misma.

*****

Explicaciones filosóficas:

Desde un punto de vista filosófico, ambos ámbitos están sujetos a experimentación. Los investigadores que realizan el experimento son los sujetos del experimento. Los sujetos observamos y analizamos el movimiento de las esferas. Observar, medir y analizar son formas de **reflexión** . **La reflexión** es una categoría filosófica que especificamos en el marco definitorio. El reflejo que el sujeto hace del objeto es siempre subjetivo.

Ver en Internet: Académico Todor Pavlov, "Teoría de la reflexión".

Hemos dicho que las dos esferas están en reposo relativo entre sí.

En la figura se **observan y reflejan al mismo tiempo** dos fenómenos diferentes .

El primer fenómeno es que las dos esferas **se mueven. absolutamente** , con la misma **aceleración** , uno al lado del otro, en la misma dirección.

El segundo fenómeno es que las dos esferas se encuentran en un estado de **reposo** relativo entre sí. Se trata de dos fenómenos diferentes que se observan simultáneamente.

Ya hemos explicado que para establecer estos dos fenómenos no necesitamos un sistema de coordenadas.

*****

Ya he dicho que el 11 de julio de 1923, Einstein pronunció un discurso en Gotemburgo, ante la reunión de naturalistas de los países del norte.

En este informe, Einstein dice:

"**En la mecánica clásica, la distinción entre movimientos acelerados y no acelerados es absoluta. Sólo hay velocidades relativas que dependen de la elección del sistema inercial, y las aceleraciones y rotaciones son absolutas, independientemente de la elección del sistema inercial**".

Desde un punto de vista filosófico, esta afirmación de Einstein está sujeta a serias críticas.

La crítica se reduce a que en el experimento que estamos realizando observamos el fenómeno **del reposo relativo** de dos esferas que se mueven con **aceleración absoluta**.

Surge una pregunta:

¿Por qué, hasta ahora, en las ciencias humanas no se ha observado específicamente que existe un estado de reposo relativo, entre dos cosas que se mueven con aceleración absoluta? Este, en mi opinión, es un fenómeno de fundamental importancia.

Usaremos este hecho para crear una hipótesis.

Ver Figura 31.

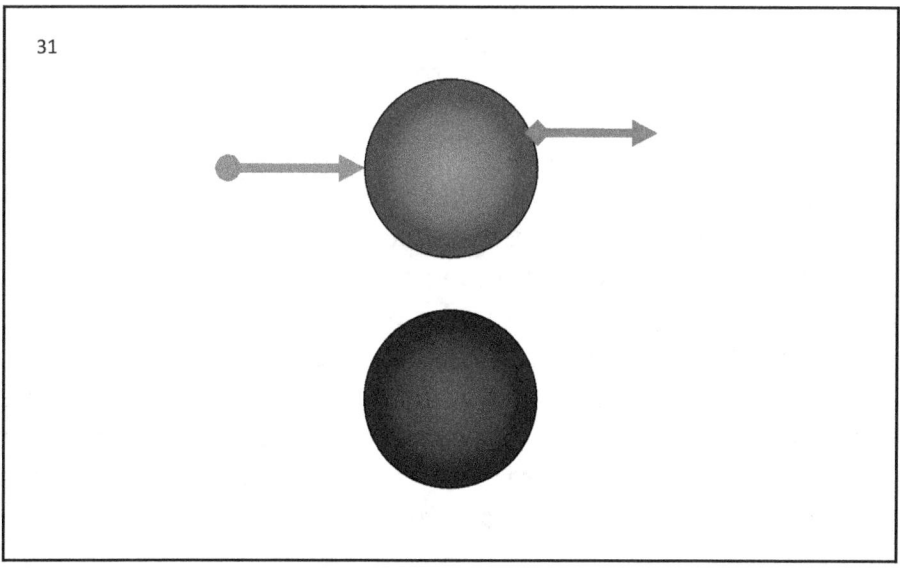

En la figura 31 se muestran las dos esferas. La esfera azul está en reposo. Se aplica un empuje rojo a la esfera verde. La esfera roja comienza a moverse con aceleración relativa a la esfera azul. La dirección de la aceleración se muestra con una flecha verde. La magnitud de la fuerza roja es tal que la esfera verde se mueve con una aceleración de un metro por segundo al cuadrado. El movimiento de aceleración de la esfera verde se realiza en relación con la esfera azul. Para demostrar el movimiento acelerado de la esfera verde no se necesita un sistema de coordenadas. En la figura no se muestra ningún sistema de coordenadas.

La esfera verde se mueve con una aceleración de un metro por segundo al cuadrado, y luego, el camino que toma la esfera verde aumentará de cierta manera.

Ver Figura 31.

31

T	0	1	2	3	4	5	6	7
S	0	0,5	2	4,5	8	12,5	18	24,5

En la figura 31 se muestra una tabla de la distancia recorrida en función del tiempo. La fila horizontal superior de la tabla muestra el tiempo desde el inicio del movimiento, medido en segundos. La fila horizontal inferior de la tabla muestra la distancia recorrida, medida en metros. El tiempo aumenta de cero segundos a siete segundos. La calzada se eleva desde cero metros hasta veinticuatro metros, cincuenta centímetros. El camino recorrido por la esfera verde se mide con respecto a la esfera azul.

El movimiento de la esfera verde se representa gráficamente de la siguiente manera.

Ver Figura 32.

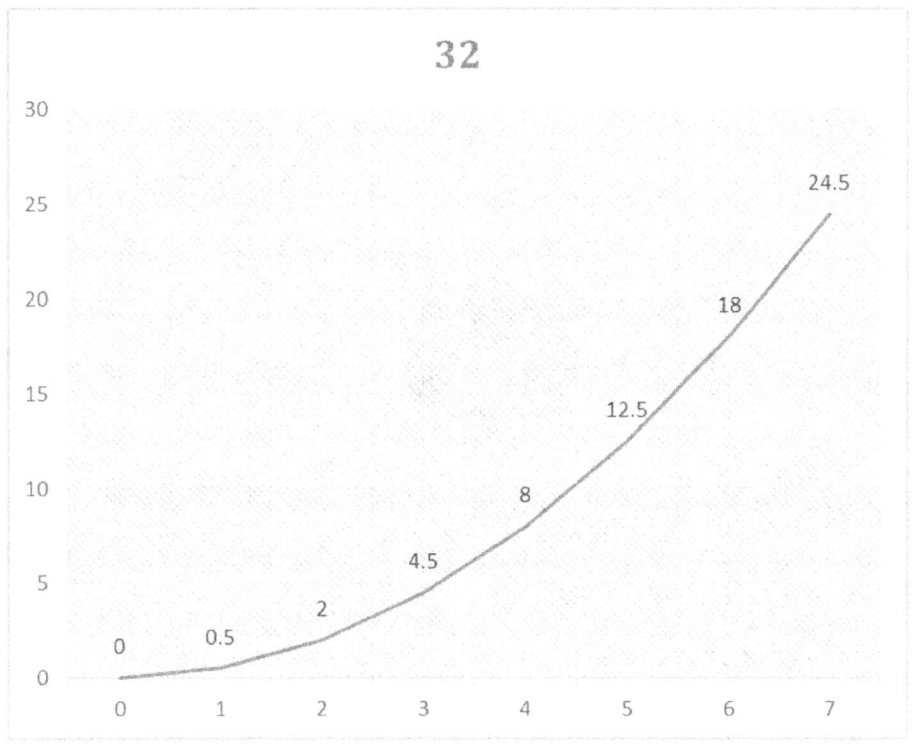

En la figura 32 se muestra el gráfico de movimiento de la esfera verde. El eje vertical del sistema de coordenadas muestra la distancia recorrida. El eje horizontal del sistema de coordenadas muestra los instantes de tiempo, desde cero segundos hasta siete segundos. Se puede ver en la figura que el gráfico malvado comienza desde cero segundos y termina al final del séptimo segundo. Mira el gráfico.

Un segundo después de que comience la esfera verde, aplicamos un empuje rojo a la esfera azul.

Ver Figura 33.

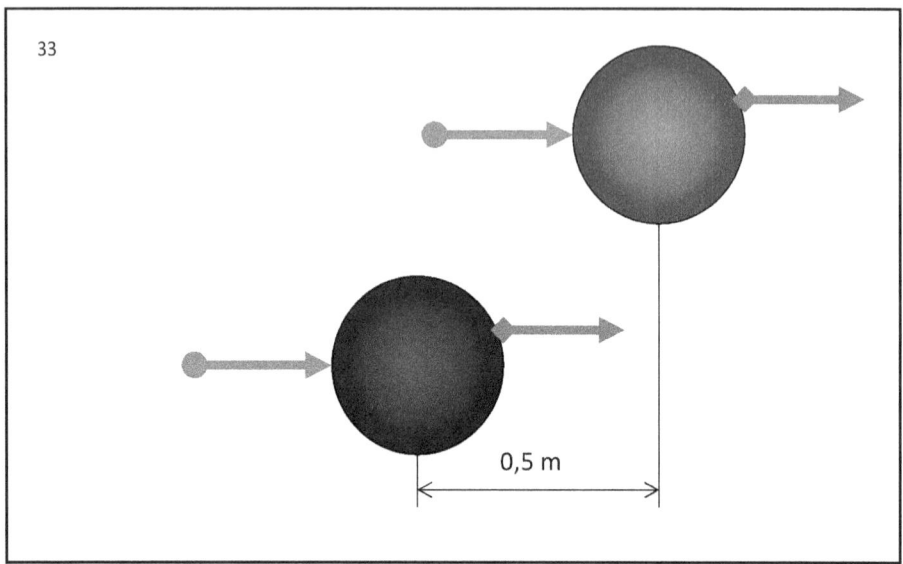

En la Figura 33, se muestra que la esfera verde continúa teniendo un empuje rojo y que a la esfera azul también ya se le ha aplicado un empuje rojo.

La esfera azul comienza a moverse con una aceleración de un metro por segundo al cuadrado. La acción del empuje rojo sobre la esfera azul se aplica un segundo después del inicio de la esfera verde. En un segundo, la esfera verde se ha alejado medio metro de la esfera azul. Esto se muestra en la figura. El camino recorrido por la esfera azul en un tiempo determinado es el mismo que el de la esfera azul, pero con un retraso de un segundo.

Ver Figura 34.

34								
$T_{n=1\div7}$	1 sec	2 sec	3 sec	4 sec	5 sec	6 sec	7 sec	8 sec
S	0 m	0,5 m	2 m	4,5 m	8 m	12,5	18 m	24,5

La Figura 34 muestra la tabla de movimiento de la esfera azul. La fila superior muestra los puntos temporales, la fila inferior muestra las distancias recorridas. La esfera azul se mueve durante siete segundos. La cuenta de segundos comienza al **final del primer segundo** y termina al final del octavo segundo. Digo esto porque la tabla muestra ocho segundos, pero la esfera azul está en reposo hasta el final del primer segundo. De la tabla se puede ver que en el primer segundo de contar el tiempo, la distancia recorrida es de cero metros. La esfera azul comienza su movimiento al comienzo del segundo segundo y se mueve hasta el final del octavo segundo. Son siete segundos. En esos siete segundos, la esfera azul recorre una distancia de veinticuatro metros y cincuenta centímetros. El movimiento de la esfera azul se representa gráficamente.

Ver Figura 35.

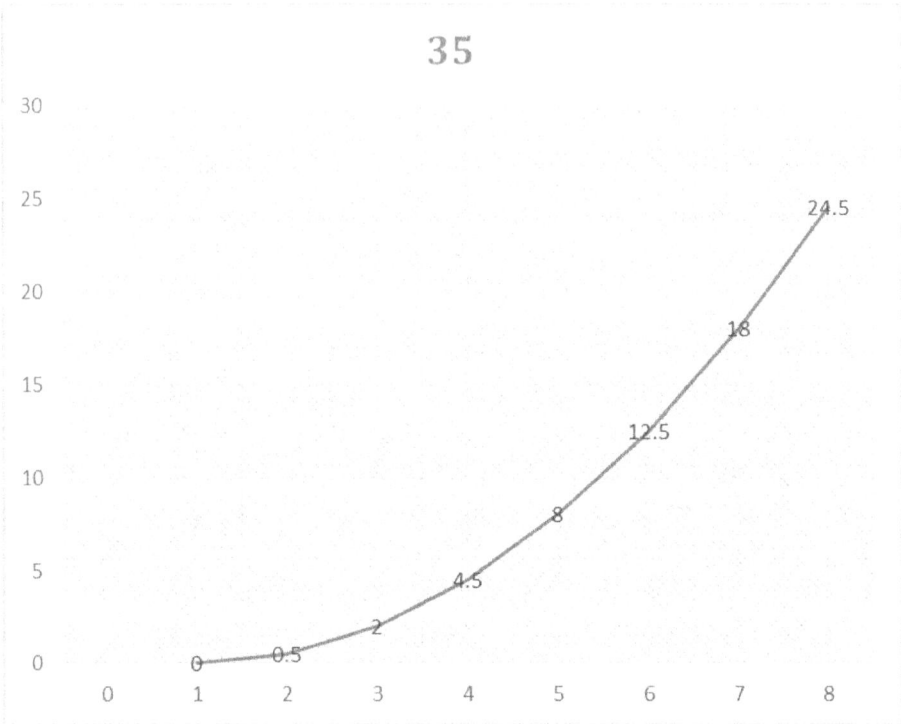

La Figura 35 muestra que la esfera azul inició su movimiento un segundo más tarde que la esfera verde. El gráfico muestra que el movimiento de la esfera azul comienza al final del primer segundo y continúa hasta el final del octavo segundo. El gráfico azul comienza en el segundo y llega hasta el segundo ocho. Mira el gráfico.

El movimiento de las dos esferas se representa gráficamente de la siguiente manera:

Ver Figura 36.

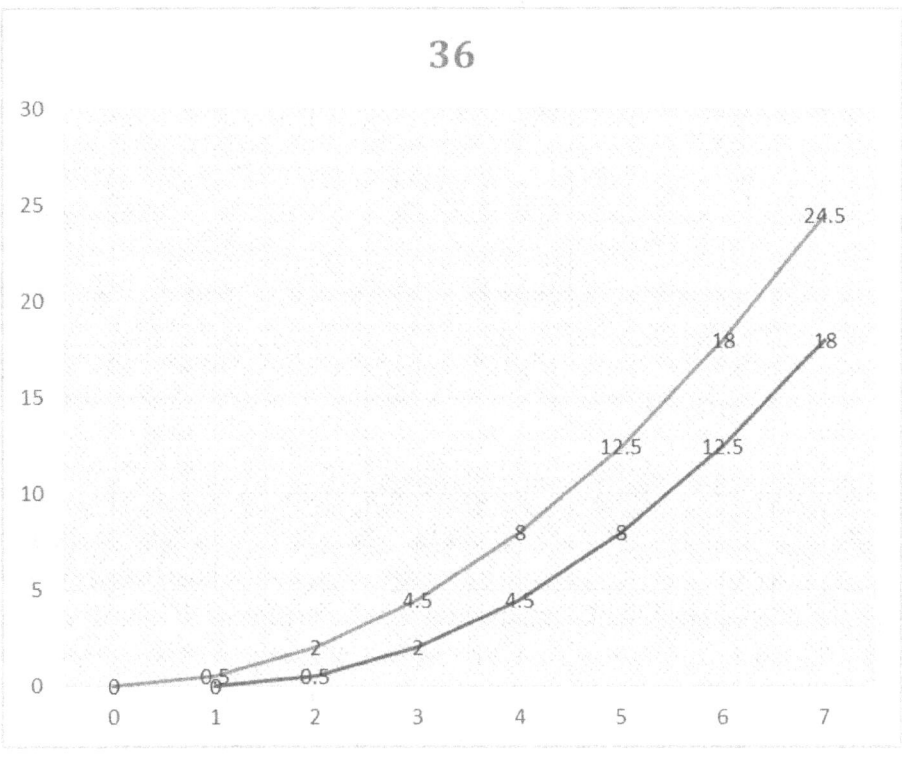

La figura 36 muestra gráficamente el movimiento simultáneo de las dos esferas.

En el gráfico se puede ver que la esfera verde comienza su movimiento en el tiempo cero segundos y que la esfera azul comienza su movimiento en el tiempo un segundo.

Compararemos el camino recorrido por la esfera azul con el camino recorrido por la esfera verde.

Ver Figura 37.

$T_{n=1\div7}$	0	1	2	3	4	5	6	7
S	0	0,5	2	4,5	8	12,5	18	24,5

	$T_{n=1\div7}$	1	2	3	4	5	6	7
	S	0	0,5	2	4,5	8	12,5	18

37

En la Figura 37 se pueden ver dos tablas colocadas una encima de la otra. La tabla superior es para la esfera verde, la tabla inferior es para la esfera azul. Las mesas están colocadas asimétricamente una encima de la otra. La tabla inferior se desplaza hacia la derecha y se muestra la distancia recorrida hasta el séptimo segundo. La mesa se desplaza porque la esfera azul comenzó su movimiento con aceleración un segundo más tarde que la esfera verde.

Seguiremos cómo cambia la distancia entre las dos esferas.

En el segundo segundo después del inicio del movimiento de aceleración, la esfera verde se encuentra a dos metros del inicio de su movimiento. Mira los dos metros rojos. El segundo segundo de la esfera verde es el primer segundo de la esfera azul y se encuentra a una distancia de medio metro del inicio del movimiento de aceleración. Mira el medio metro rojo. Por tanto, la proyección de la distancia entre las dos esferas al final del segundo segundo desde el inicio del experimento es igual a dos metros menos medio metro, que es un metro y medio.

Ver figura 38.

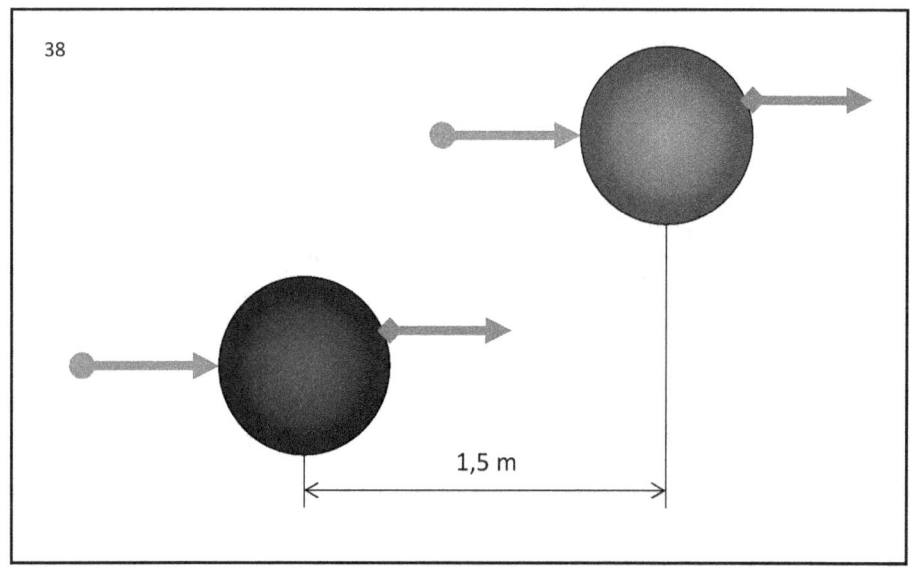

38

se muestra **la proyección de la distancia entre las dos esferas al finalizar el segundo segundo** . Cambiamos las condiciones del experimento. Colocamos las dos esferas en línea recta. La dirección de la línea recta coincide con la dirección del movimiento con aceleración. Por tanto, la proyección de la distancia coincide con la distancia.

Ver figura 39.

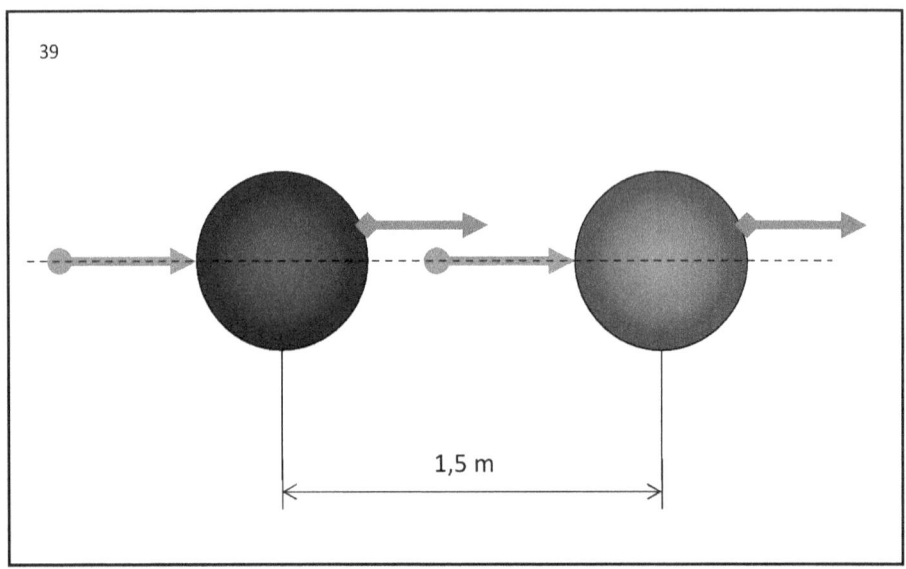

39

En la figura 39 se muestra que las esferas están ubicadas en línea recta y se mueven una tras otra. De esta forma determinamos directamente la distancia entre las dos esferas.

La figura muestra que al final del segundo segundo la distancia es: (2-0,5=1,5) metros.

Al final del tercer segundo, la distancia es: (4,5-2=2,5) metros.

Al final del cuarto segundo, la distancia es: (8-4,5=3,5) metros.

Al final del quinto segundo, la distancia es: (12,5-8=4,5) metros.

Al final del sexto segundo, la distancia es: (24,5-18=5,5) metros.

De los cálculos que hicimos, se puede ver que la distancia entre las esferas aumenta constantemente y cambia de (1,5) un metro y medio, aumenta a (2,5) dos metros y medio, luego (3,5) tres y medio. medio, y (4,5)cuatro y medio, y cinco y medio (5,5).

Cada segundo, la distancia entre las esferas aumenta un metro.

Esto significa que las esferas se mueven **uniformemente en línea recta**, entre sí, a una velocidad igual a un metro por segundo.

Los resultados de la tabla se pueden presentar gráficamente. Ver figura 40.

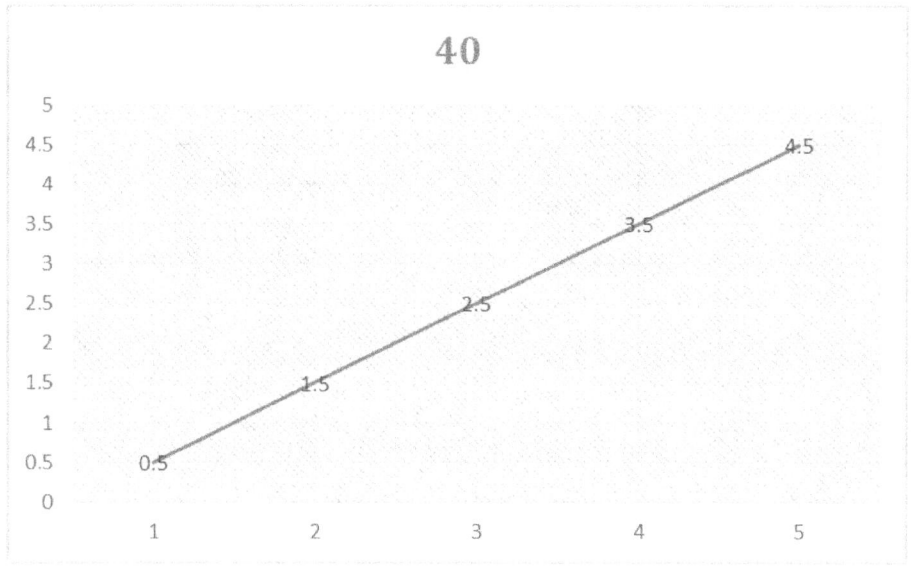

La Figura 40 muestra cómo la distancia entre la esfera azul y la esfera verde cambia con el tiempo.

El gráfico muestra que las dos esferas se mueven entre sí, uniformemente y en línea recta a una velocidad de un metro por segundo.

Ahora surge la pregunta: ¿Es posible hacer un experimento que muestre alguna otra velocidad entre las dos esferas?

La respuesta es sí, es posible.

Para ello, cambiamos las condiciones del experimento mental que estamos realizando. Estamos aumentando el tiempo de retraso del inicio de la esfera azul. Aplicamos una acción de fuerza sobre la esfera azul, con un retraso igual a dos segundos, después del inicio de la esfera verde.

Ver figura 41.

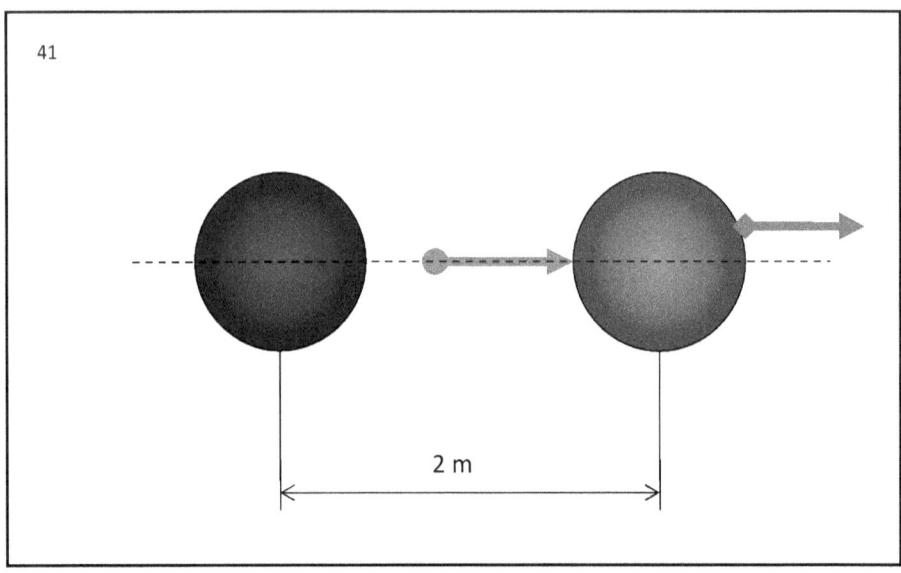

En la Figura 41, la esfera azul se muestra en reposo. Se aplica un empuje rojo a la esfera verde. La esfera verde se mueve con una aceleración de un metro por segundo al cuadrado. Dos segundos después de la salida, la esfera verde recorrerá una distancia de dos metros.

Consulte la figura anterior y la figura siguiente 42.

42								
$T_{n=1÷7}$	0 sec	1 sec	2 sec	3 sec	4 sec	5 sec	6 sec	7 sec
S (m)	0 m	0,5 m	2 m	4,5 m	8 m	12,5	18 m	24,5

En la figura 42 se muestra la tabla de la distancia que recorre la esfera verde en función del tiempo. La gráfica de movimiento de la esfera verde es la misma que en el primer caso.

Ver figura 43.

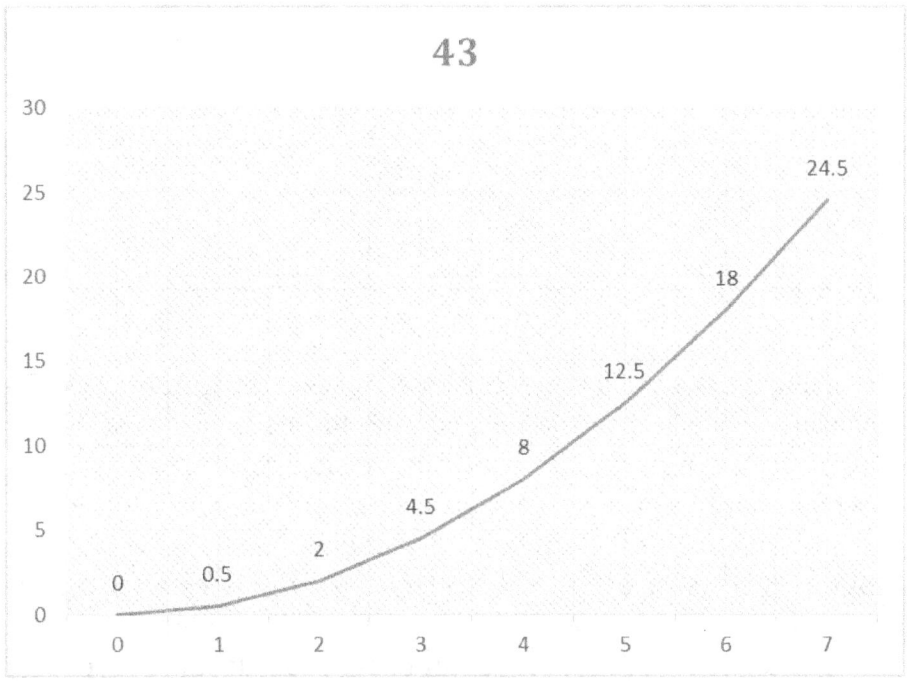

En la Figura 43 se puede observar que la esfera verde inicia su movimiento a los cero segundos y acelera hasta el final del séptimo segundo.

Al final del segundo segundo, desde el inicio del movimiento de la esfera verde, la distancia entre las esferas es de dos metros, y luego aplicamos un empuje rojo a la esfera azul.

Ver figura 44.

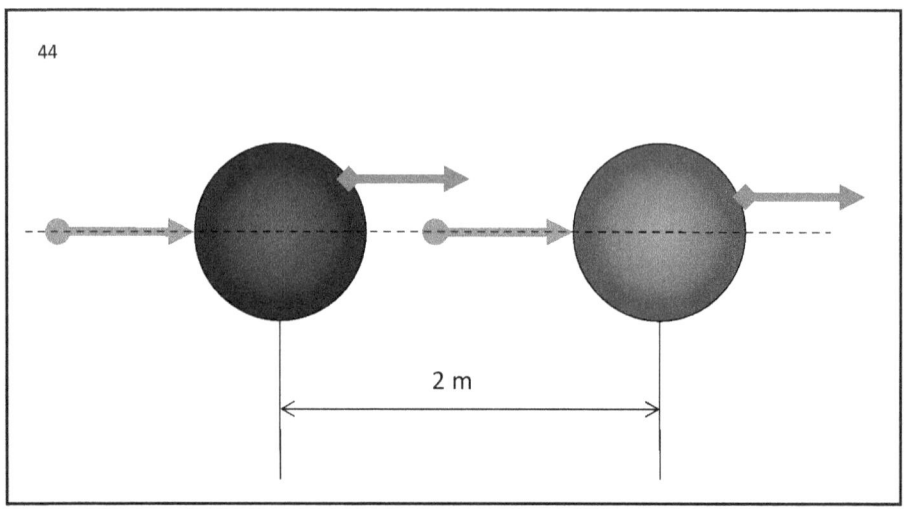

En la Figura 44, se puede ver que dos segundos después del lanzamiento de la esfera verde, cuando la esfera verde está a dos metros de la esfera azul, se aplica un empuje rojo a la esfera azul. La esfera azul se mueve detrás de la esfera verde. La dirección del movimiento de la esfera azul coincide con la dirección del movimiento de la esfera verde. Las dos esferas están situadas en línea recta. La esfera azul comienza a moverse con una aceleración de un metro por segundo al cuadrado, pero comienza su movimiento al final del segundo segundo.

Ver figura 45

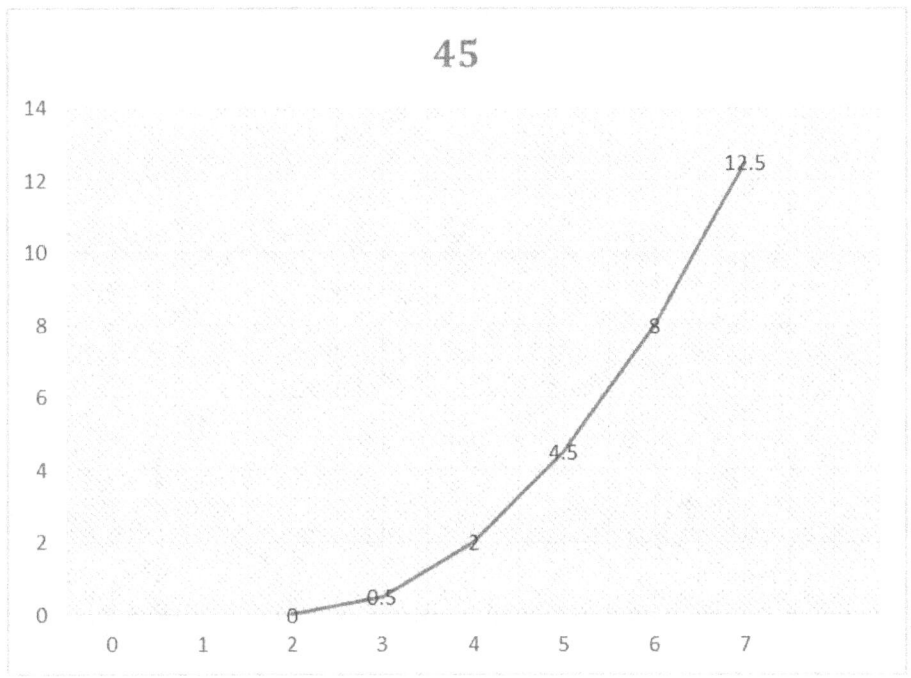

En la figura 45 se muestra el gráfico de movimiento de la esfera verde. El gráfico muestra que la esfera azul comienza su movimiento en el segundo segundo y se mueve hasta el final del segundo siete.

Ver figura 46.

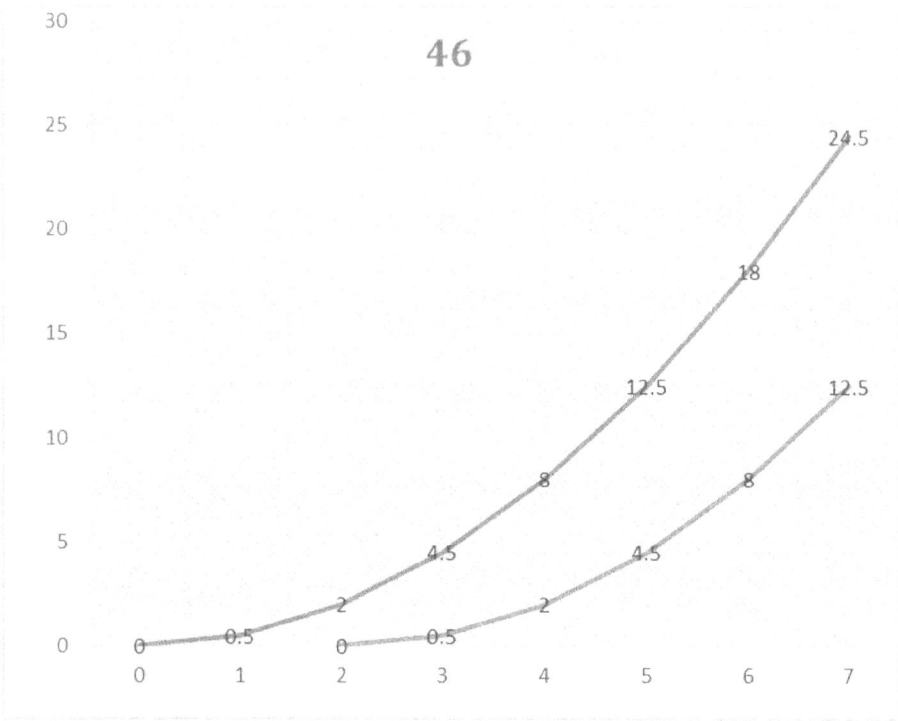

46

En la figura 46 se muestra gráficamente el movimiento de las dos esferas. El azul comienza el movimiento con aceleración en el segundo cero y termina en el segundo siete. El verde comienza en el segundo dos y termina en el segundo siete.

Comparamos el camino y los horarios de los dos reinos.

Ver figura 47.

47								
$T_{n=1 \div 7}$	0 sec	1 sec	2 sec	3 sec	4 sec	5 sec	6 sec	7 sec
S (m)	0 m	0,5 m	2 m	4,5 m	8 m	12,5	18 m	24,5
	$T_{n=1 \div 7}$		2 sec	3 sec	4 sec	5 sec	6 sec	7 sec
	S (m)		0 m	0,5 m	2 m	4,5 m	8 m	12,5

En la Figura 47 se muestran dos tablas. La tabla de arriba está en la esfera verde. La parte inferior de la esfera azul. Las tablas se desplazan de tal manera que los resultados de la carretera y el tiempo en la esfera verde se comparan con los resultados de la esfera azul.

La distancia entre las dos esferas aumenta de la siguiente manera:

Al final del segundo segundo, la distancia es (2-0=2) dos metros.

Al final del tercer segundo, la distancia es (4,5-0,5=4) cuatro metros.

Al final del cuarto segundo, la distancia es (8-2=6) seis metros.

Al final del quinto segundo, la distancia es (12,5-4,5=8) ocho metros.

Al final del sexto segundo, la distancia es (18-8=10) diez metros.

Al final del séptimo segundo, la distancia es (24,5-12,5=12) doce metros.

En cada kunda sucesivo, la distancia entre las dos esferas aumenta en dos metros. Esto significa que las dos esferas se mueven entre sí a una velocidad de dos metros por segundo.

Ver figura 48.

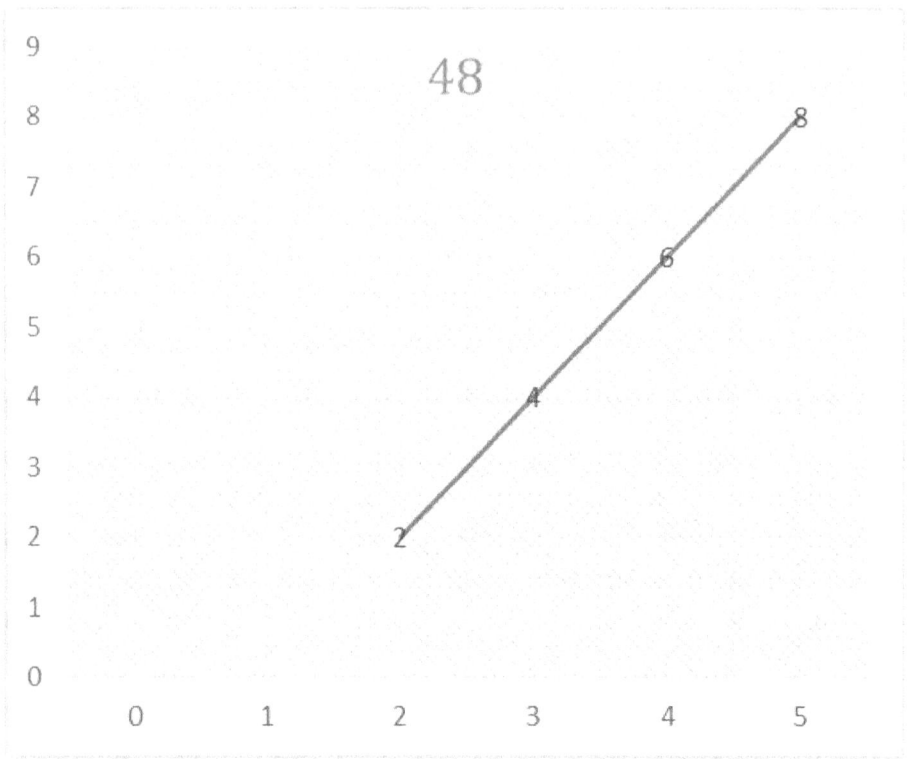

En la figura 48, se muestra el movimiento rectilíneo uniforme de las dos esferas entre sí. La esfera verde se mueve con respecto a la azul a una velocidad de dos metros por segundo.

El movimiento comienza en el segundo dos y termina en el segundo siete.

Hemos realizado experimentos que demuestran que estamos en condiciones de obtener diferentes velocidades relativas entre las dos esferas. Este resultado nos permite deducir una ley natural que establece que:

El movimiento rectilíneo uniforme entre dos cuerpos físicos siempre se puede representar como un movimiento con aceleración de estos dos cuerpos físicos.

Esto significa que cualquier **movimiento relativo** puede representarse como **un movimiento absoluto** con aceleración.

Desde un punto de vista filosófico, el juicio final es extraño y necesita más análisis y conclusiones y conclusiones relevantes. Las conclusiones extraídas contribuirán al enriquecimiento de algunas de las categorías filosóficas. Esto se hará en una etapa posterior del proceso de investigación que estamos realizando.

11. SENSACIÓN DE LA ACCIÓN DE LA FUERZA.

En la realidad que nos rodea hay otro hecho al que debemos prestar especial atención. Estamos hablando del fenómeno de "sensación de aceleración" y "sensación de acción de fuerza", que pueden combinarse en uno solo, fenómeno denominado "sensación de acción de fuerza y movimiento con aceleración". Esto es parte de la vida cotidiana de cada persona, por eso siempre está claro para todos que cuando el tren arranca, los pasajeros en él "sienten" esto por el empujón que reciben en el primer momento y la fuerza que actúa después, que ha sentido contrario al de la marcha. En este caso, a nadie le sorprende que la espalda de los pasajeros sentados quede presionada contra los respaldos del tren.

La razón de este fenómeno es la fuerza de inercia, que a veces se denomina fuerza ficticia.

Todo lo dicho hasta ahora está de acuerdo con la tercera ley de Newton, que establece que para cada acción hay una reacción igual y opuesta.

A estas consideraciones hay que añadir la segunda ley de Newton, de la que se desprende que cuando un cuerpo que tiene cierta masa actúa una fuerza, el cuerpo comienza a moverse con aceleración.

Y, de hecho, los pasajeros del tren se dan cuenta inmediatamente, con un vistazo por la ventanilla, de que se mueven a una velocidad cada vez mayor, es decir, una aceleración constante.

Separamos deliberadamente la "sensación de la acción de la fuerza y el movimiento con aceleración" en un fenómeno independiente con su propia esencia que debemos comprender.

Surge la pregunta: ¿cuál es la causa del fenómeno "sensación de acción de fuerza y movimiento con aceleración"? La respuesta a la pregunta que damos es que el fenómeno de "sensación de acción de la fuerza y movimiento con aceleración" es el resultado de la **acción compleja de la segunda y tercera ley de Newton**.

Ahora considere un ascensor que tiene pasajeros dentro y, desafortunadamente, en algún momento, la cuerda se rompe. Ver figura 49.

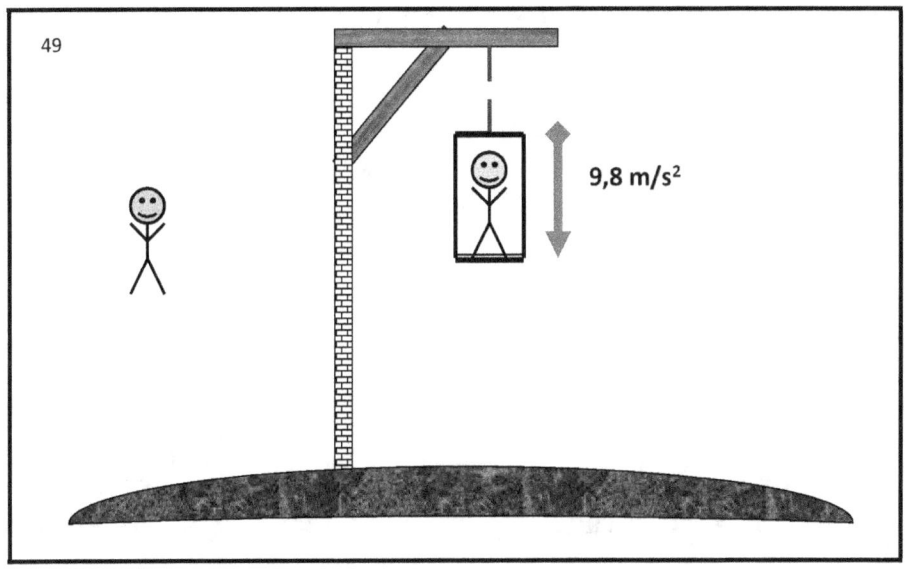

En la figura 49 se muestra una porción de la superficie terrestre, un fuerte soporte vertical sobre el que se fija una viga horizontal. El ascensor está atado a la viga. La cuerda está rota. Para nuestra consideración, no es importante si el ascensor estaba en movimiento o en reposo en el momento en que se rompió la cuerda. Lo importante es que el ascensor comenzará a caer hacia la superficie terrestre y se moverá con una aceleración de nueve ocho décimas de metro por segundo al cuadrado. La razón de esta caída con aceleración es que el ascensor, y los pasajeros que lo transportan, se encuentran en el campo gravitacional de la Tierra y experimentan la acción de la fuerza de atracción gravitacional de la Tierra.

La característica cuantitativa de esta fuerza fue demostrada por Newton y se conoce como ley de atracción gravitacional:

La fuerza de atracción gravitacional entre dos cuerpos es igual a la masa del primer cuerpo multiplicada por la masa del segundo cuerpo dividida por la distancia entre ellos al cuadrado.

Los pasajeros en el ascensor no tienen "sensación de la acción de la fuerza gravitacional de la Tierra". Por el contrario, estarán convencidos de que están en reposo o en movimiento rectilíneo uniforme y que no actúan sobre ellas fuerzas que provoquen aceleración. Los pasajeros del ascensor están convencidos de que su estado está determinado por la primera ley de Newton:

Cuando ninguna fuerza actúa sobre un cuerpo, éste se encuentra en estado de reposo o movimiento rectilíneo uniforme .

Cabe señalar que Einstein realizó experimentos mentales similares con ascensores para aclarar la naturaleza de los sistemas de referencia inerciales y no inerciales. Estos experimentos mentales son extremadamente importantes y, mediante un análisis adecuado, pueden revelar relaciones fundamentales entre movimiento, reposo, relativo y absoluto.

Al comienzo de nuestra presentación, definimos una dependencia clara confirmada en la práctica:

Siempre y sólo la acción compleja y simultánea de la segunda y tercera ley de Newton es la causa del fenómeno "sensación de la acción de la fuerza y del movimiento con aceleración".

Tenemos motivos para concluir que para los pasajeros del ascensor, el efecto complejo de la segunda y tercera leyes de Newton no es válido.

La segunda y tercera leyes de Newton son la base de la física. Estas dos leyes son fundamentalmente universales y necesariamente abarcan todos los fenómenos posibles en la Realidad Una Infinita. La operación simultánea de la segunda y tercera leyes muestra la esencia de los movimientos absolutos en la Realidad Una Infinita. No hay excepciones.

Es necesario conocer e indicar las razones por las que los pasajeros en el ascensor no tienen la "sensación de la acción de la fuerza y el movimiento con aceleración".

Ver Figura 50.

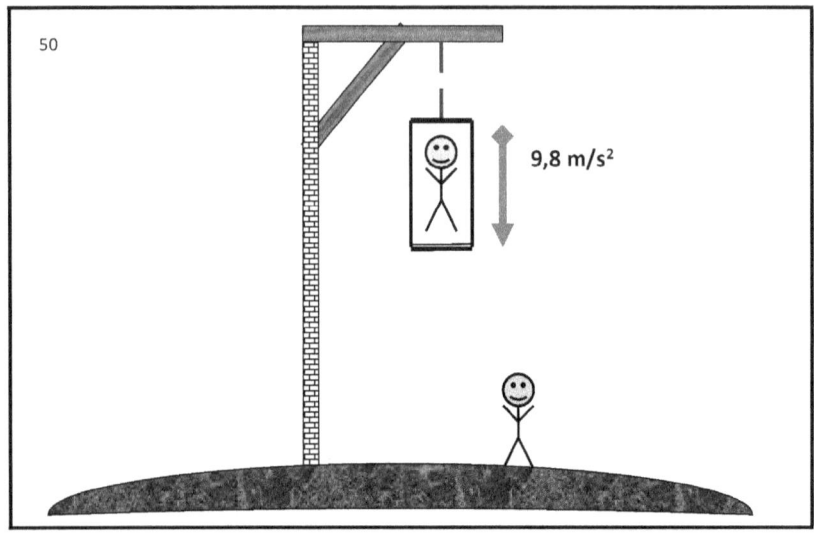

La figura 50 muestra el marco de soporte, la cuerda rota, el ascensor y un pasajero en él. El ascensor cae a la Tierra. El ascensor no tiene ventanas y el pasajero no puede entender lo que le sucede. El pasajero siente que se encuentra en un estado de ingravidez. El viajero concluye que se encuentra en el espacio profundo y su estado está descrito por la primera ley de Newton. El pasajero está convencido de que no actúa ninguna fuerza sobre el ascensor y que el ascensor está en reposo, el ascensor se encuentra en un estado de ingravidez.

Hay una segunda persona en la Tierra observando la caída del ascensor.

Existe una conexión telefónica entre el pasajero y el observador.

El observador llama por teléfono y le dice al pasajero que se está cayendo y que cuando golpee el suelo lo más probable es que muera. El viajero responde que eso no es cierto y que se encuentra en estado de ingravidez y que está en reposo y que el observador está cometiendo algún error.

El observador responde que no hay ningún error, que está

firmemente plantado en la superficie terrestre, que siente su peso y que ve caer el ascensor.

El pasajero sonríe y dice que si realmente sientes peso es porque avanzas hacia mí con aceleración. Estás alucinando o soñando. Esta es la verdad.

Ver figura 51.

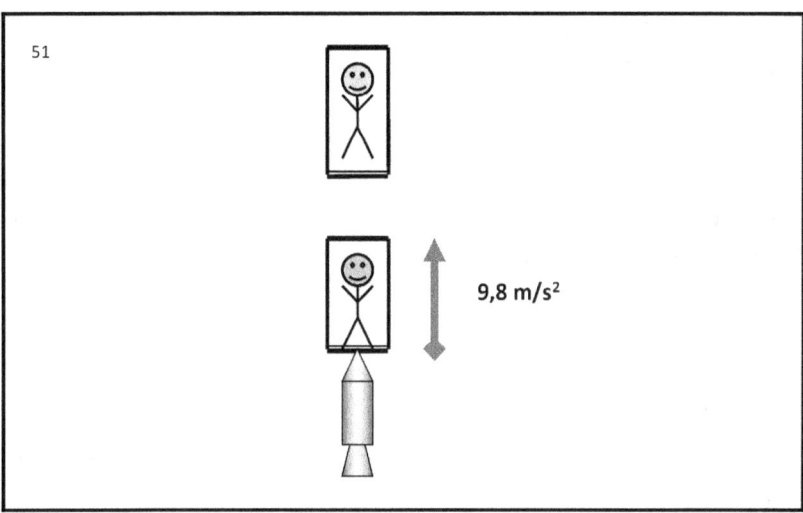

La figura 51 muestra al pasajero en el ascensor, el observador que se encuentra en un segundo ascensor. En la parte inferior del segundo ascensor se coloca un cohete que empuja el ascensor con el observador hacia arriba. El ascensor con el observador se mueve con una aceleración de nueve enteros y ocho décimas de metro por segundo al cuadrado.

El pasajero del ascensor superior llama al observador y le pregunta qué está haciendo en ese momento.

El observador responde que está en un ascensor que se mueve con aceleración hacia arriba.

El pasajero le pregunta qué siente.

El observador dice que ha aterrizado firmemente en el fondo del ascensor y siente la acción de la fuerza y el movimiento con aceleración, de la misma manera que cuando aterrizó en la superficie terrestre.

El pasajero en el ascensor superior responde que éste es el verdadero estado de movimiento y que ya no es un sueño.

El observador pregunta por qué este es el verdadero estado.

El pasajero responde que está seguro porque hay un principio que dice:

Siempre y sólo la acción compleja y simultánea de la segunda y tercera ley de Newton es la causa del fenómeno "sensación de la acción de la fuerza y del movimiento con aceleración".

El principio así definido muestra la diferencia entre los movimientos relativos y absolutos que tienen lugar en la Realidad Una Infinita.

Este principio muestra que la fuerza definida en la segunda ley de Newton es fundamentalmente diferente de la fuerza de atracción gravitacional entre cuerpos.

12. FUERZA. PUNTO DE ACCIÓN DE LA APLICACIÓN.

La segunda ley de Newton establece que la fuerza que actúa sobre un cuerpo es igual al producto de la aceleración por la masa del cuerpo que se mueve con la aceleración.

En este caso, la fuerza actuante, vingi, tiene un punto de acción aplicado. Un sitio de acción es una ubicación específica del cuerpo. El lugar de acción es una superficie sobre la que al menos dos cuerpos se presionan entre sí. Esta superficie en física se llama punto de aplicación. Desde un punto de vista filosófico, el concepto de punto, mediante el cual se denota el fenómeno de un punto, está sujeto a serias críticas. El problema es que no existe ningún fenómeno puntual en la Realidad Una Infinita. El concepto de punto sirve sólo para denotar una abstracción humana, en la mente del hombre. En la ciencia de las matemáticas se utiliza el concepto de punto, y tiene un cierto contenido matemático, que a su vez es una abstracción. En la ciencia física, el concepto de punto debería ser reemplazado por el concepto de lugar.

Así actuó Newton en "Principios matemáticos de la física". En los "Principios", Newton no utilizó el concepto de punto. En los "Principios", Newton define el fenómeno del lugar y utiliza el concepto de **lugar** siempre que debería utilizar el concepto de punto.

Este hecho es extremadamente importante para la investigación que estamos realizando y debe recordarse.

13. TIPOS DE FUERZAS. MANIFESTACIÓN DEL PODER. CAUSA EFECTO.

Hay dos tipos de fuerzas en la física moderna. Fuerzas reales y fuerzas ficticias. Las fuerzas ficticias aparecen y actúan cuando existe **una acción mutua simultánea** entre al menos dos cosas.

Las acciones mutuas simultáneas se denotan con el término

ВЗАИМНОДЕЙСТВИЕ

.

La palabra

ВЗАИМНОДЕЙСТВИЕ

está escrita en cirílico eslavo-búlgaro.

Sugiero, al escribir en inglés, utilizar la palabra

MUTUALISACTION

.

Espero que los especialistas en este campo acepten mi sugerencia y, cuando sea necesario, citen su origen.

La palabra

ВЗАИМНОДЕЙСТВИЕ

MUTUALISACTION = es un verbo y significa acciones paralelas y simultáneas realizadas por cosas **enteras** . El concepto de **interacción** = *ВЗАИМНОДЕЙСТВИЕ* = *MUTUALISACTION* , es una categoría filosófica. A través de la categoría **interacción** = *MUTUALISACTION* , se indica la acción mutua entre dos cosas enteras. Cada uno de los dos todos que interactúan entre sí es siempre una **parte completa** de la Realidad Única e Infinita.

Una parte entera de la Una Realidad Infinita está definida por el movimiento absoluto que esa parte realiza en relación con toda la Una Realidad Infinita.

Las fuerzas ficticias aparecen y actúan cuando algún movimiento absoluto se relaciona con otro movimiento absoluto. Ejemplos típicos de esto son su apariencia, la fuerza de Coriolis, la fuerza de copa y la forma en que los objetos de la mecánica cuántica interactúan entre sí.

La fuerza de Coriolis ocurre cuando el movimiento de rotación absoluto del planeta Tierra se relaciona con el movimiento absoluto del péndulo de Foucault.

La fuerza de la copa se produce cuando el movimiento de rotación absoluto de la copa alrededor de algún centro está relacionado con el movimiento de rotación de la plataforma alrededor de su propio centro.

La fuerza de rotación, en la parte posterior de la copa, aparece cuando el movimiento de rotación absoluto de **toda** la copa, alrededor de algún eje, se relaciona con el movimiento de rotación absoluto de **toda** la flecha, indicando la dirección de la fuerza centrífuga, alrededor del mismo eje. .

Nota: Las dos últimas sentencias se explican en el post Dark Energy Dark Matter.

Los casos típicos de **interacciones** = *MUTUALISACTION*, tienen lugar entre objetos de mecánica cuántica. La ciencia de la mecánica cuántica estudia y describe cómo un cuanto completo se relaciona con otro cuanto completo a través del fenómeno de *MUTUALISACTION* .

De esta manera, el cuanto se vuelve **completo** en el tiempo y **completo** en el espacio. Así, el cuanto puede funcionar *MUTUALISACTION* , y cambiar **cuanto** , en porciones, lo que supone **un cambio de estado** . Así, todo **cuanto** , cambio de **estado** , es un múltiplo del cuanto de Planck, la constante h .

El cambio de **estado** del **cuanto** involucra todas **las partes** del cuanto **total** , por lo que **el cuanto completo** interactúa con la **Realidad Única Infinita** , el **todo** con **el todo** .

El cambio de estado tiene lugar en **el presente** y es lógicamente absolutamente simultáneo para **toda** la Realidad Una, Infinita.

En este sentido, el momento del presente es un intervalo de tiempo igual a cero, y separa el pasado del futuro.

El presente absoluto es relativo, única y únicamente, generalmente, **al** pasado, y sólo, y únicamente, generalmente, **al** futuro. De esta manera aparecen los cambios paralelos de la realidad. Y esto, nuevamente, es **un cambio de estados**, a través de interacciones=

MUTUALISACTION

Los cambios paralelos reciben el ser en el único presente, donde y en el que es posible relacionar unos con otros, cosas enteras con otras cosas enteras. Éstas son relaciones de algunas **partes enteras** con otras **partes enteras**. Las partes enteras pueden ser **partes enteras diferentes** de un **todo**, o **partes enteras diferentes** de cosas **enteras diferentes**.

El cambio de estados es un proceso que prueba la existencia de una simultaneidad lógicamente absoluta, y en este sentido surge una pregunta sumamente importante:

¿Cuál es el portador de esta simultaneidad, o dicho de otro modo, cuál es el fenómeno mediante el cual esta simultaneidad puede transformarse, reducirse a una cantidad física cuantificable?

La respuesta a estas dos preguntas se reduce a encontrar evidencia física, datos empíricos y hechos que demuestren inequívocamente la existencia de un portador de movimientos paralelos, que en la ciencia moderna se conocen como acción a distancia, en la mecánica clásica newtoniana o como no local. interacción, en mecánica cuántica, o como movimiento con una velocidad infinitamente alta, en la teoría de la relatividad, que en nuestra hipótesis es **un cambio de estado, mediante interacción** =

MUTUALISACTION

Una vez más debemos prestar atención al hecho de que la ciencia moderna es incapaz de indicar el portador de un cambio de estado, a través de *MUTUALISACTION* **interacción, o lo que es lo mismo, para indicar algún campo nuevo que haga posible la interacción** = no local *MUTUALISACTION* , entre cosas.

En este sentido, y como resultado del análisis, proponemos llamar al portador de la acción distante, denotado por el término **campo de esfuerzo** .

En la física moderna existe la idea de que la acción a distancia es un movimiento a una velocidad infinitamente alta. En el libro "El segundo error de Einstein" expliqué y demostré que la expresión " **movimiento con velocidad infinitamente grande** " es incorrecta. Lo que la ciencia humana llama " **movimiento con velocidad infinitamente grande** " **no es velocidad** .

Pero esto no significa que tal fenómeno no exista. Lo que la gente llama " **movimiento a velocidad infinita** " es **un cambio de estados** y es una propiedad fundamental de **la Realidad Una Infinita** .

Es precisamente este proceso por el cual se produce **el cambio de estados** lo que yo llamo **reciprocidad=** *ВЗАИМНОДЕЙСТВИЕ*

EL TERCER ERROR DE EINSTEIN

= *MUTUALISACTION* .

14. PRINCIPIO DE UNIFORMIDAD.

En la hipótesis que presento, **el Principio de Equivalencia de Einstein** es sustituido por **el Principio de Igualdad** . Esto significa que el movimiento de un cuerpo que cae en un campo gravitacional es **uniformemente rectilíneo** , o se encuentra en estado de **reposo relativo** .

Ver figura 52.

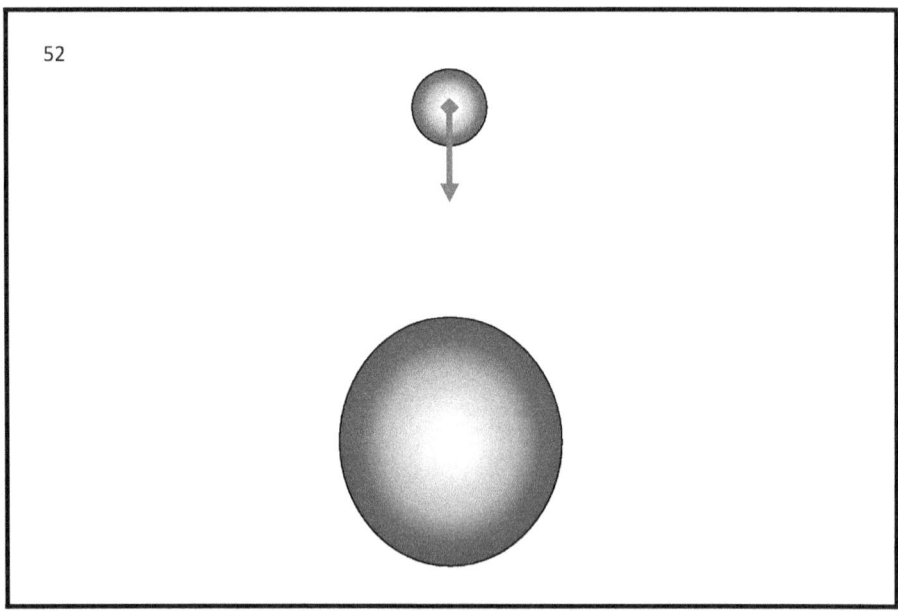

En la Figura 52 se muestran dos esferas. La gran esfera es estacionaria y posee una gran masa y un poderoso campo gravitacional. La esfera pequeña "cae" hacia la esfera grande, y se mueve con **aceleración** , pero no siente la acción de una fuerza y no siente que se mueve con **aceleración** . Este es **el Principio de Equivalencia de Einstein** .

Reemplazamos **el Principio de Equivalencia de Einstein** por el **Principio de Igualdad** .

Ver figura 53.

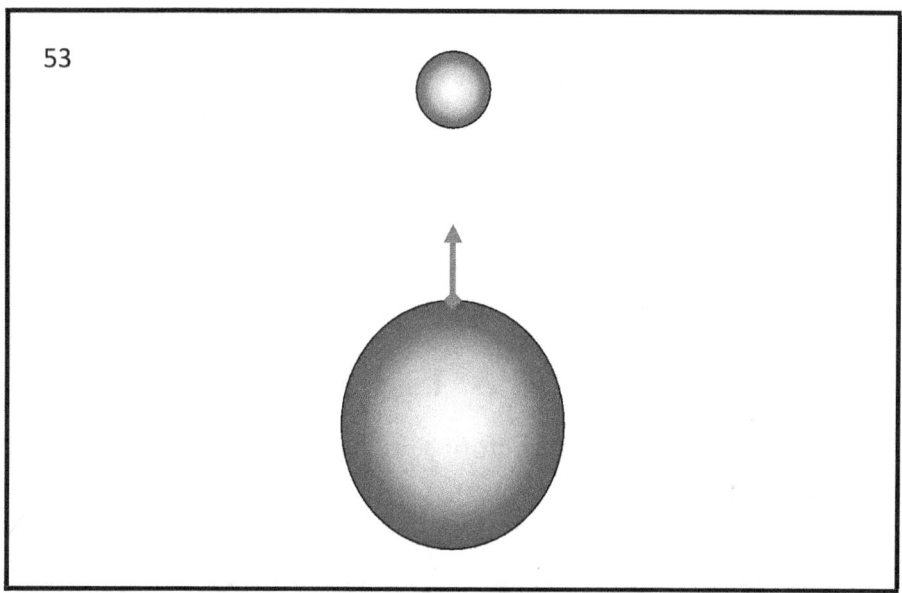

53

En la Figura 53 se muestran dos esferas. La gran esfera es estacionaria y posee una gran masa y un poderoso campo gravitacional. La pequeña esfera no siente "acción de fuerza", y no siente "movimiento con aceleración", por lo tanto la pequeña esfera se encuentra en **estado de reposo o movimiento rectilíneo uniforme** . Esto significa que la superficie de la esfera grande se mueve con **aceleración** hacia la esfera pequeña. Es necesario recalcar que sólo y únicamente **la superficie** de la esfera grande se mueve con **aceleración** hacia la esfera pequeña. El centro de la esfera grande es estacionario con respecto a la esfera pequeña. De lo que he dicho se deduce que la gran esfera **aumenta**

constantemente su radio , y toda la superficie de la gran esfera se **aleja** del centro de la gran esfera, con **una aceleración de** . En pocas palabras, la gran esfera se infla como un globo.

Sé muy bien que algunos lectores objetarán firmemente que esto es imposible.

Sigo sosteniendo que esto es posible y que:

La "FRONTERA" de toda la Realidad Una Infinita, se aleja de cada parte entera de ella con aceleración creciente y aceleración variable.

La condición necesaria y suficiente para el movimiento continuo con aceleración creciente y aceleración variable es que la Realidad Una Infinita debe ser **infinita** . Debo recordar que al inicio de la exposición creamos un área de definición.

En el ámbito de las definiciones, el principio cuatro dice: La realidad es **infinita** .

15. REPRESENTACIÓN GRÁFICA

La Única Realidad Infinita se está "expandiendo" con una aceleración cada vez mayor. La aceleración incremental es una **aceleración integral, total y constante**. En lugares específicos, en la Realidad Una Infinita, la aceleración local es diferente. La aceleración local puede ser diferencialmente decreciente, diferencialmente creciente o diferencialmente constante. La Realidad Una Infinita es espacialmente tridimensional. La aceleración de la Realidad Una Infinita Espacialmente Tridimensional se produce de manera absolutamente simultánea a lo largo de las tres dimensiones espaciales. Las tres dimensiones espaciales se presentan al pensamiento humano a través de un sistema de coordenadas tridimensional.

Ver figura 54.

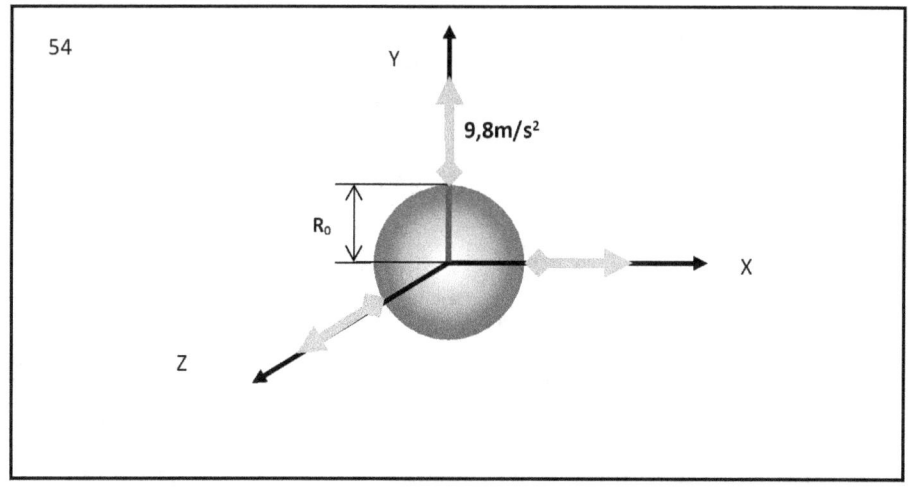

En la figura 54 se muestra un sistema de coordenadas que consta de tres ejes. El origen del sistema de coordenadas se encuentra en el centro de una esfera.

El sistema de coordenadas y la esfera están ubicados en el centro de la Una Realidad Infinita. Suponemos que la esfera es el planeta Tierra. La aceleración de la superficie de la Tierra, con respecto al centro del planeta Tierra, es igual a nueve ocho décimas de metro por segundo al cuadrado. La aceleración se muestra en una flecha verde, el radio se muestra en azul. Esto significa que la longitud del radio del planeta Tierra aumenta con una aceleración igual a nueve enteros y ocho décimas de metro por segundo elevada a la segunda potencia. Esto significa que después de algún tiempo, el tamaño del planeta Tierra será el doble.

Ver figura 55.

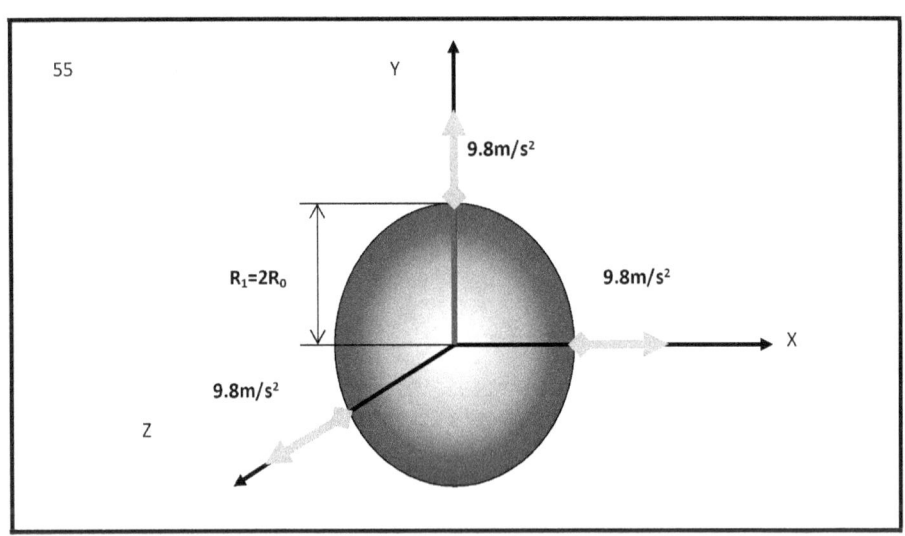

En la figura 55 se muestra el sistema de coordenadas y el planeta Tierra. El radio del planeta Tierra es el doble.

Los seres humanos inteligentes y pensantes que habitan el planeta Tierra no notan el aumento del tamaño de la Tierra. La razón de esto es que todos los cuerpos y objetos sólidos que se encuentran en la superficie de la Tierra aumentan de tamaño en proporción al aumento del radio del planeta Tierra. Cuando el aumento es proporcional, la relación entre las dimensiones espaciales de los diferentes objetos no cambia. La relación se mantiene constante. La relación es una constante.

Cuando la relación de las dimensiones espaciales es constante, los instrumentos de medición no pueden registrar el aumento de las dimensiones espaciales. Los investigadores que miden las distancias no lo notan.

Ver figura 56.

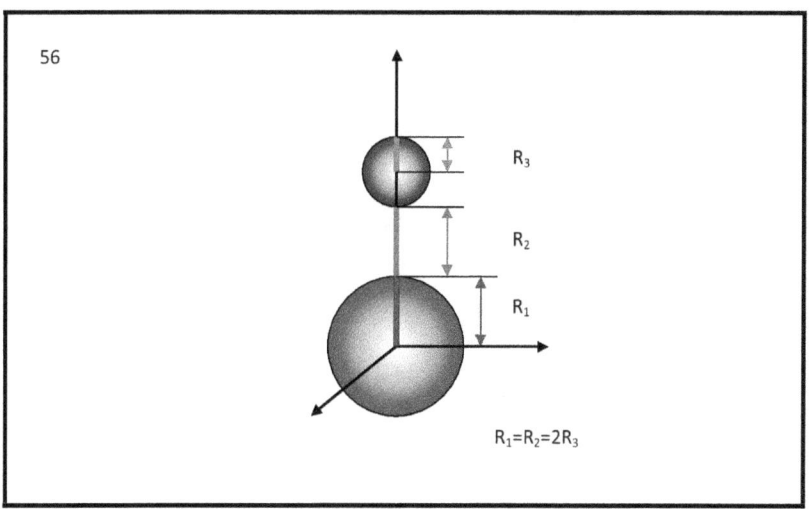

En la figura 56 se muestran el sistema de coordenadas y dos

esferas. Una esfera grande y una esfera pequeña. La gran esfera es el planeta Tierra antes de que aumentara su radio. El radio del planeta Tierra se muestra en azul. La pequeña esfera se encuentra en el eje vertical del sistema de coordenadas. El radio de la pequeña esfera se muestra en rojo. El radio del planeta Tierra es el doble del radio de la pequeña esfera. La distancia entre la Tierra y la pequeña esfera se muestra en verde. La distancia entre la Tierra y la pequeña esfera es igual al radio de la Tierra. La distancia entre la Tierra y la pequeña esfera no cambia. La Tierra y la pequeña esfera están en reposo entre sí.

El radio de la Tierra se duplica mediante una aceleración de nueve enteros y ocho décimas de metro por segundo al cuadrado.

Ver figura 57.

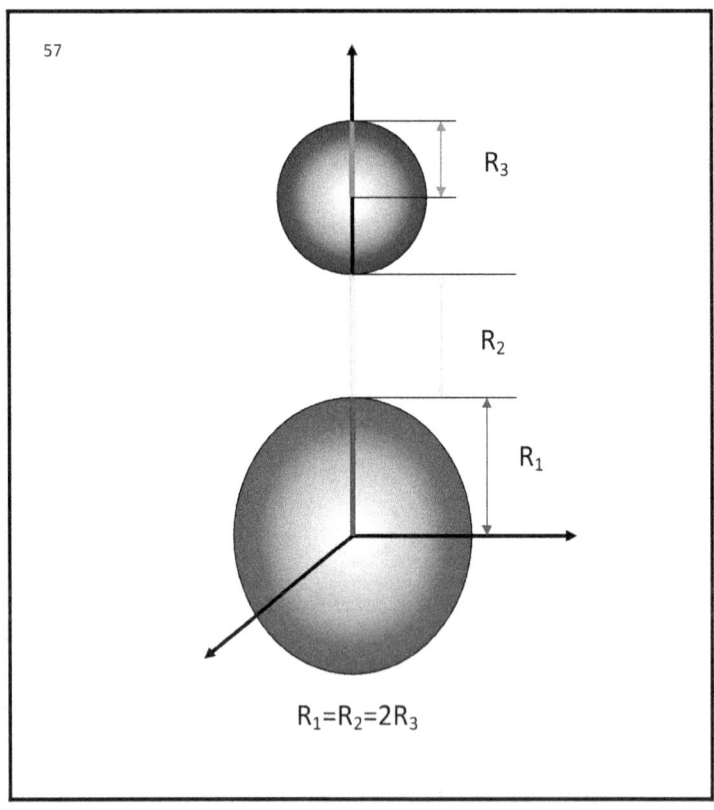

En la figura 57 se muestra el planeta Tierra, el sistema de coordenadas de la pequeña esfera.

El radio de la Tierra se ha duplicado.

El radio de la pequeña esfera se ha duplicado.

La distancia entre la Tierra y la pequeña esfera se ha duplicado.

En estas condiciones, las relaciones entre las dimensiones se mantienen constantes.

La relación entre el radio de la Tierra y el radio de la pequeña esfera no cambia.

La relación entre el radio de la Tierra y la distancia a la pequeña esfera no cambia.

La relación entre el radio de la pequeña esfera y la distancia tampoco cambia.

Todos los cuerpos físicos que existen en el planeta Tierra han aumentado sus dimensiones espaciales y ahora son el doble de grandes. El investigador que realizará la medición es el doble de grande. El metro del explorador es el doble de grande.

El aumento de la Tierra, el aumento de la pequeña esfera, el aumento de la distancia, no son perceptibles.

El resultado de la medición es que las dos esferas conservan sus dimensiones y las dos esferas están en reposo entre sí.

16. CONDICIÓN DE REPOSO RELATIVO

El radio de la Tierra tiene una longitud determinada. La superficie de la Tierra se aleja del centro de la Tierra con una aceleración de nueve ocho décimas por segundo al cuadrado. El radio de la pequeña esfera es el doble del radio de la Tierra. Las dimensiones de estos dos radios son relativas entre sí en reposo. Por tanto, la aceleración con la que aumenta el radio de la pequeña esfera es dos veces menor que la aceleración de la Tierra. La aceleración del radio de la pequeña esfera es igual a cuatro metros enteros y nueve décimas por segundo al cuadrado. El número cuatro entero y nueve décimos es la mitad del número nueve entero y ocho décimos.

Ver figura 58.

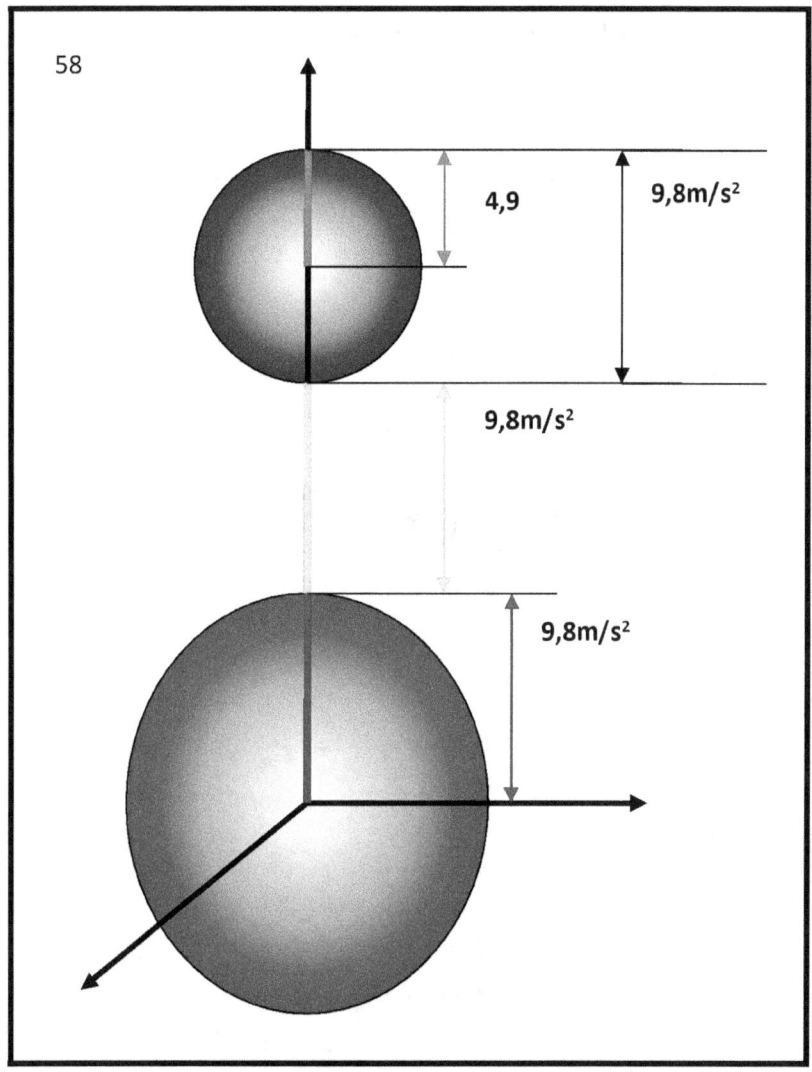

En la Figura 58 se muestran la Tierra, la esfera pequeña y la distancia entre la Tierra y la esfera pequeña. Se muestran las aceleraciones con las que aumentan los tamaños de los dos radios y la aceleración con la que aumenta la distancia entre la Tierra y la pequeña esfera. A estas aceleraciones y a estas distancias, la Tierra y la pequeña esfera se encuentran en un estado de reposo relativo.

El estado de reposo relativo también es posible a otras

distancias entre la Tierra y la pequeña esfera.

Ver figura 59.

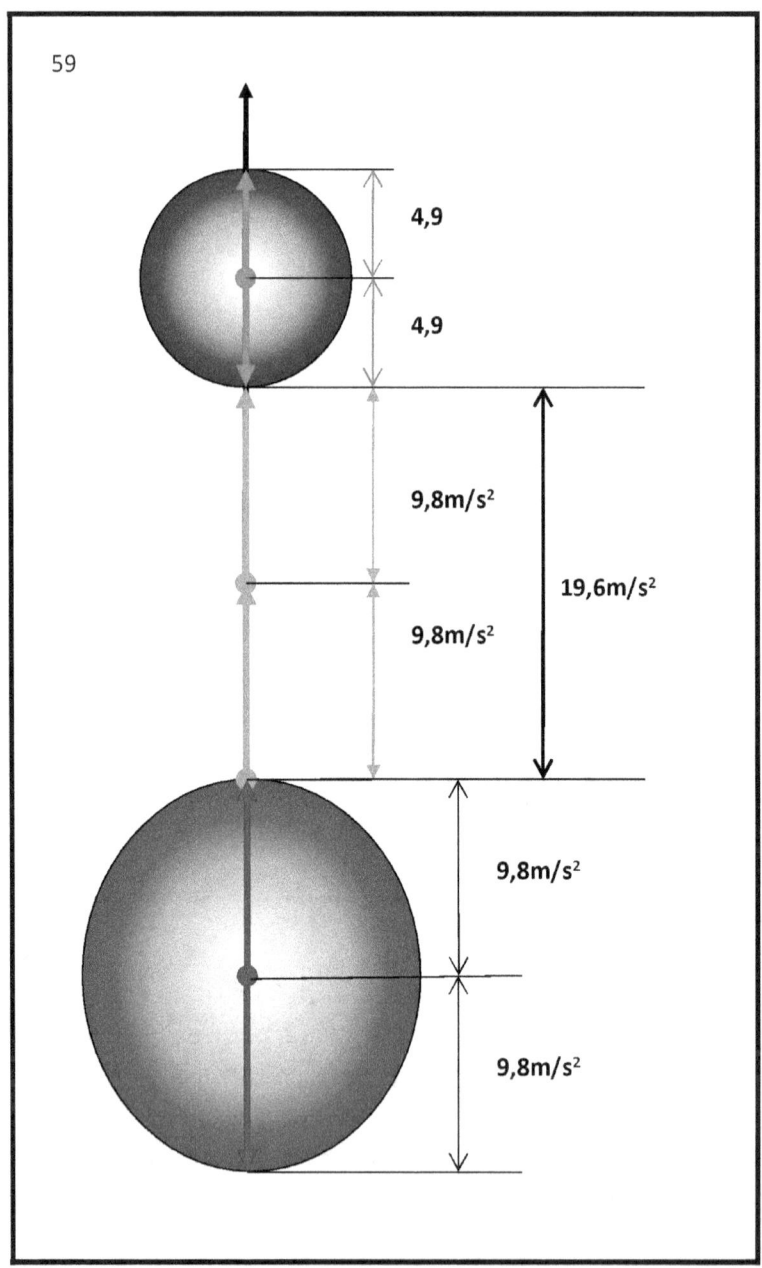

En la Figura 59, se muestran una esfera grande: la Tierra, una esfera pequeña y **el eje vertical** del sistema de coordenadas. El eje vertical del sistema de coordenadas comienza en el centro de la Tierra y termina por encima de la superficie de la pequeña esfera. Esta es la flecha negra visible en la parte superior.

Se muestra el diámetro de la Tierra, que es azul, y la aceleración de la superficie de la Tierra en relación con el centro de la Tierra. Se trata de dos radios azules que parten del centro de la Tierra y son perpendiculares. Uno arriba, el otro abajo. A la derecha hay números y flechas dobles que muestran la magnitud de la aceleración del suelo. Nueve metros enteros y ocho décimas por segundo al cuadrado es la aceleración de la Tierra, relativa al centro de la Tierra.

Se muestra el diámetro de la esfera pequeña, en rojo, y las aceleraciones de los radios de la esfera pequeña, en rojo. Las aceleraciones de los dos radios de la pequeña esfera se muestran con flechas dobles rojas, números. Las aceleraciones son en direcciones opuestas, desde el centro de la esfera pequeña hasta la superficie de la esfera pequeña. La aceleración de la superficie de la pequeña esfera, con respecto al centro de la pequeña esfera, es igual a cuatro metros enteros y nueve décimas por segundo al cuadrado.

Se muestra la distancia entre la Tierra y la pequeña esfera, que es el doble de la distancia de la figura anterior. La larga distancia se muestra con una línea verde. La magnitud y dirección de la aceleración se indican con una flecha verde. Los números muestran los valores numéricos de las aceleraciones. El doble de distancia, tiene el doble de aceleración. En estas dimensiones y aceleraciones, la Tierra y la pequeña esfera se encuentran nuevamente en un estado de reposo relativo entre sí.

Las figuras muestran que los movimientos absolutos con aceleración son relativos entre sí y están en reposo relativo.

Las figuras muestran que el reposo relativo es un caso especial de movimiento absoluto con aceleración.

Esto significa que cualquier **reposo relativo puede reducirse a movimiento absoluto con aceleración.**

Subrayaré una vez más que ésta es una propiedad fundamental y extremadamente importante del reposo y del movimiento, y que la física moderna no ha prestado suficiente atención a este hecho.

La condición para el reposo relativo es:

$$\frac{a_n}{S_n} = const.$$

Dónde:

$$n = 1; 2; 3; \ldots \to \infty$$

, es un número de secuencia.

a_n - es la aceleración con un número ordinal que

corresponde a una distancia definida con precisión S_n que tiene el mismo número ordinal.

S_n - es una distancia con un número ordinal que corresponde a una aceleración bien definida a_n, con el mismo número ordinal.

const. - es una constante numérica que es igual para todo el conjunto formado por relaciones entre aceleraciones y distancias que tienen el mismo número ordinal.

17. REALIDAD TRIDIMENSIONAL. REALIDAD UNIDIMENSIONAL.

La Realidad Una Infinita es tridimensional. Desde el punto de vista de la ciencia de las matemáticas, la Realidad Una Infinita puede representarse por más de tres dimensiones. En este punto, es redundante.

Un espacio tridimensional está representado por un sistema de coordenadas de tres ejes. Un espacio tridimensional que se encuentra en estado de aceleración con respecto a su centro aumenta de tamaño a lo largo de los tres ejes.

El aumento del tamaño de los tres ejes del sistema de coordenadas es absolutamente simultáneo.

El aumento de tamaño de los tres ejes del sistema de coordenadas se realiza con la misma aceleración.

Ver Figura 60.

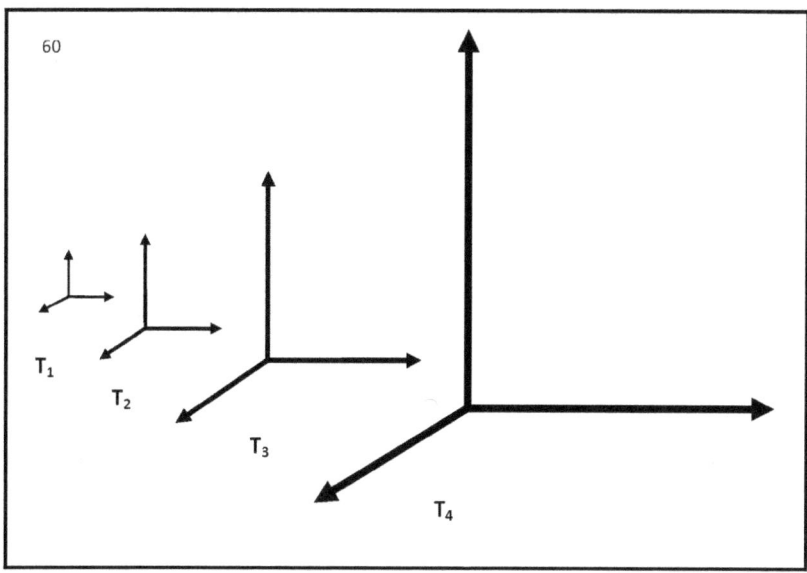

En la figura 60 se muestran cuatro sistemas de coordenadas que tienen diferentes dimensiones.

Es un sistema de coordenadas que escala el tamaño de los tres ejes en cuatro instantes de tiempo. En cada momento posterior, el sistema de coordenadas es dos veces más grande que el anterior. Cada uno de los cuatro sistemas de coordenadas, en un momento dado, está en reposo respecto de sí mismo.

Cada uno de los ejes del sistema de coordenadas tridimensional representa una Realidad Unidimensional.

Ver figura 61.

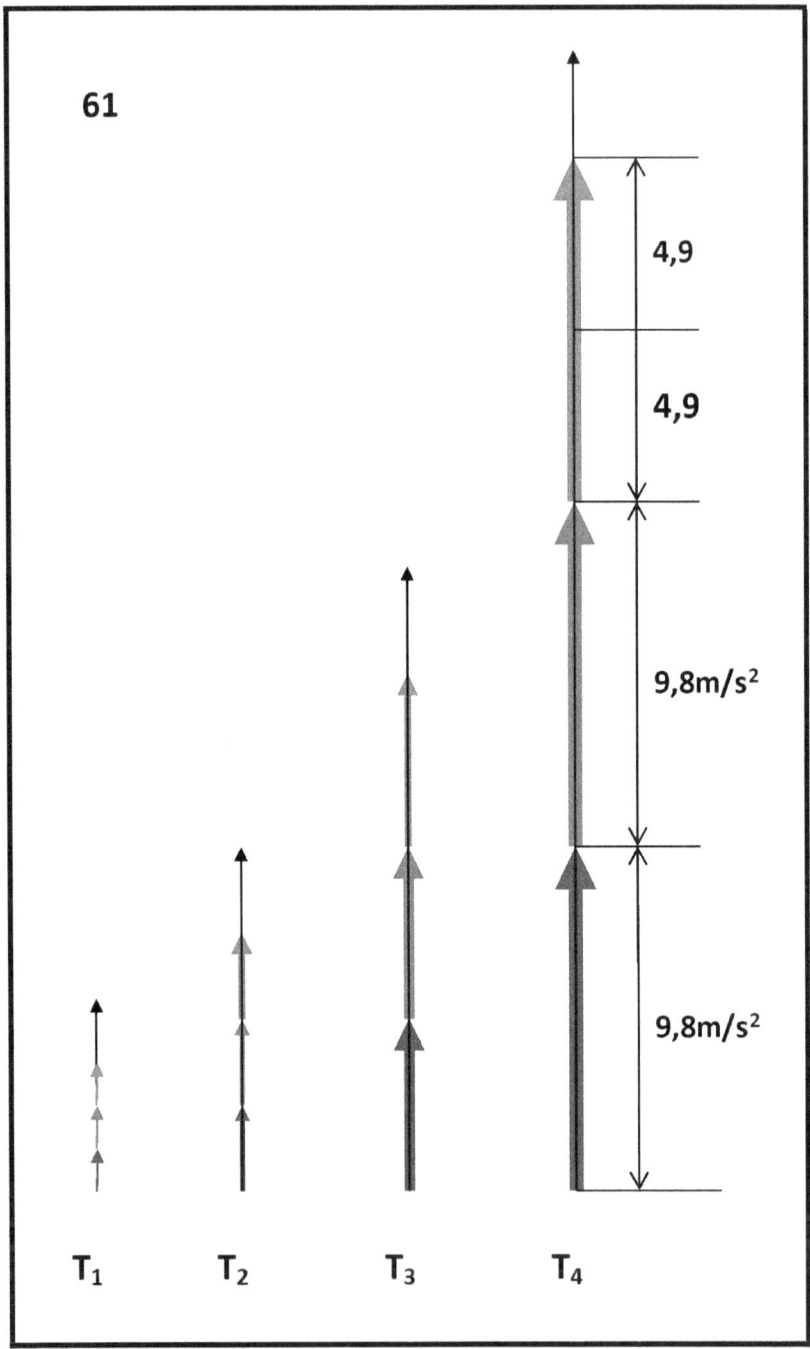

En la Figura 61, sólo se muestra el eje vertical del sistema de coordenadas tridimensional. El eje vertical es una realidad unidimensional. Se muestran cuatro momentos consecutivos de tiempo, de realidad unidimensional. Se muestran aceleraciones e incrementos de distancia. En azul se muestra la aceleración y el aumento del tamaño del radio del planeta Tierra. El color verde muestra la aceleración y el aumento de tamaño de la distancia entre el planeta Tierra y la pequeña esfera. En rojo se muestra la aceleración y el aumento de tamaño del diámetro de la pequeña esfera.

La delgada flecha negra es el eje vertical de la realidad tridimensional.

El crecimiento de las distancias, dependiendo del crecimiento del tiempo, se presenta gráficamente.

Ver figura 62.

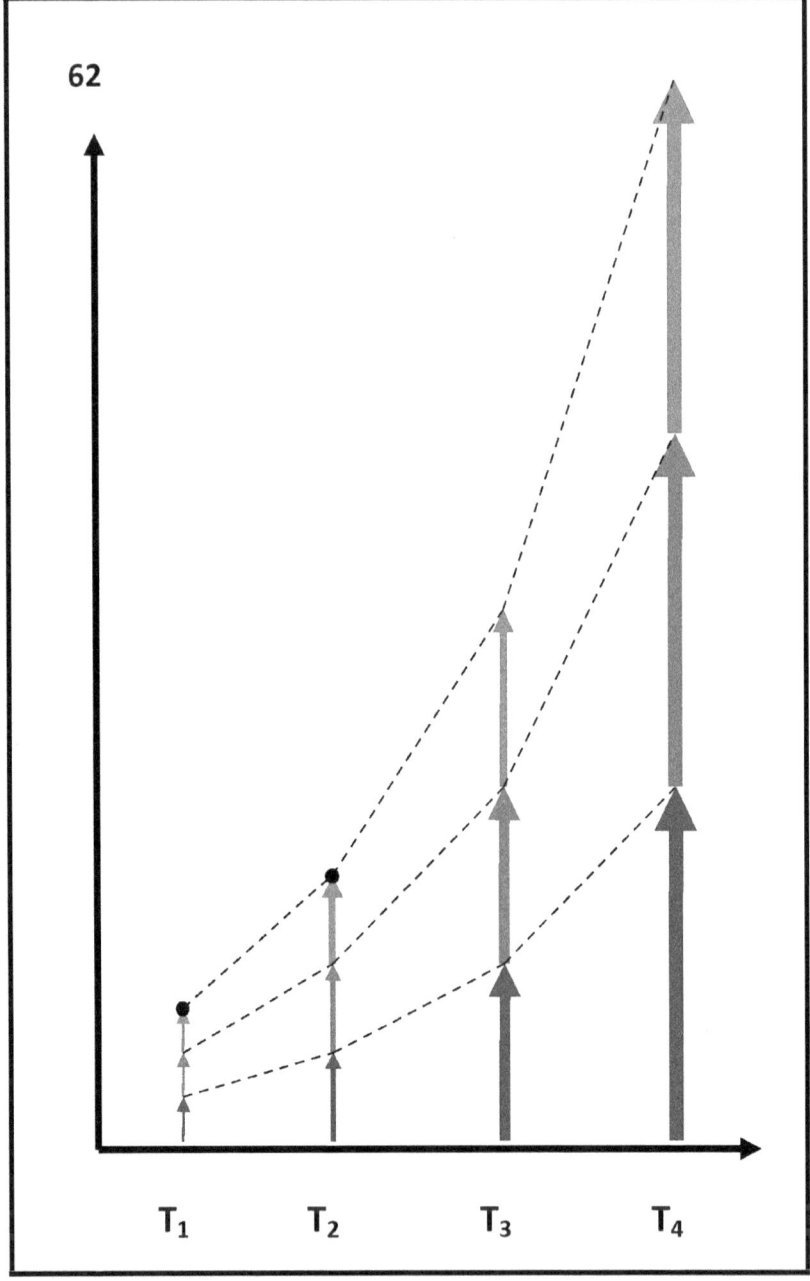

En la figura 62 se muestra la gráfica de la relación entre

distancias crecientes y tiempo creciente. Se muestran cuatro distancias, en cuatro puntos consecutivos en el tiempo.

El siguiente gráfico muestra una realidad unidimensional que tiene **un coeficiente de aceleración creciente** igual a un metro por segundo al cuadrado. El tiempo de existencia de la realidad unidimensional es igual a cuatro segundos.

Ver figura 63.

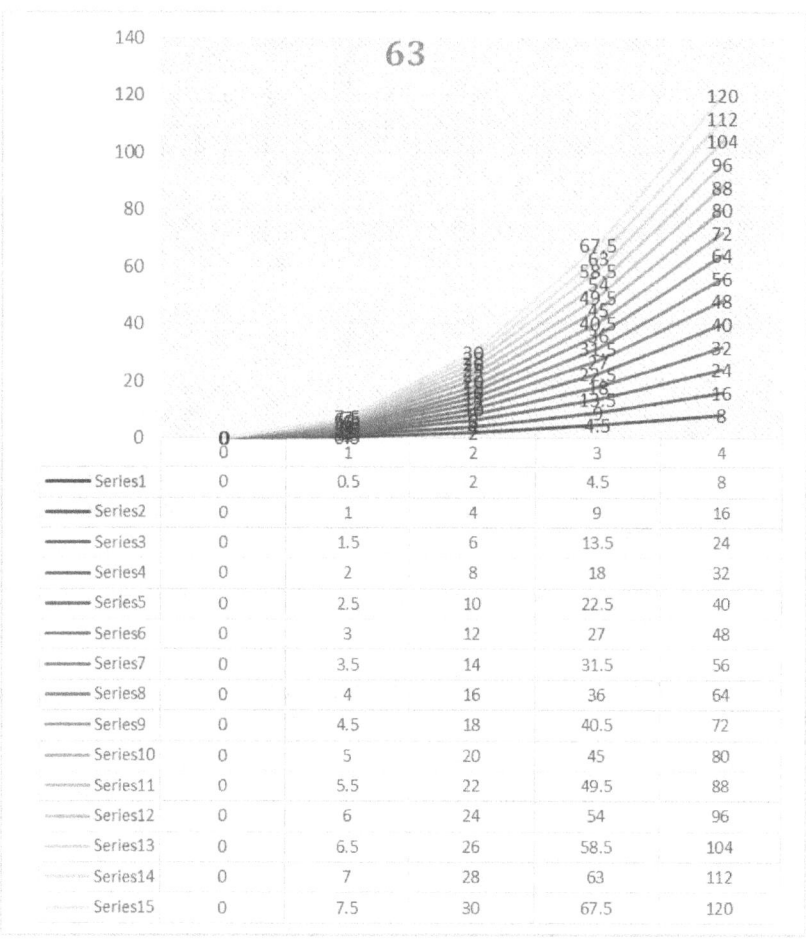

En la Figura 63 se muestra una realidad unidimensional

compuesta por quince series gráficas. La serie gráfica muestra la aceleración de posibles puntos de la realidad unidimensional. En la realidad unidimensional son posibles distancias que se encuentran en un estado de reposo relativo.

Ver figura 64.

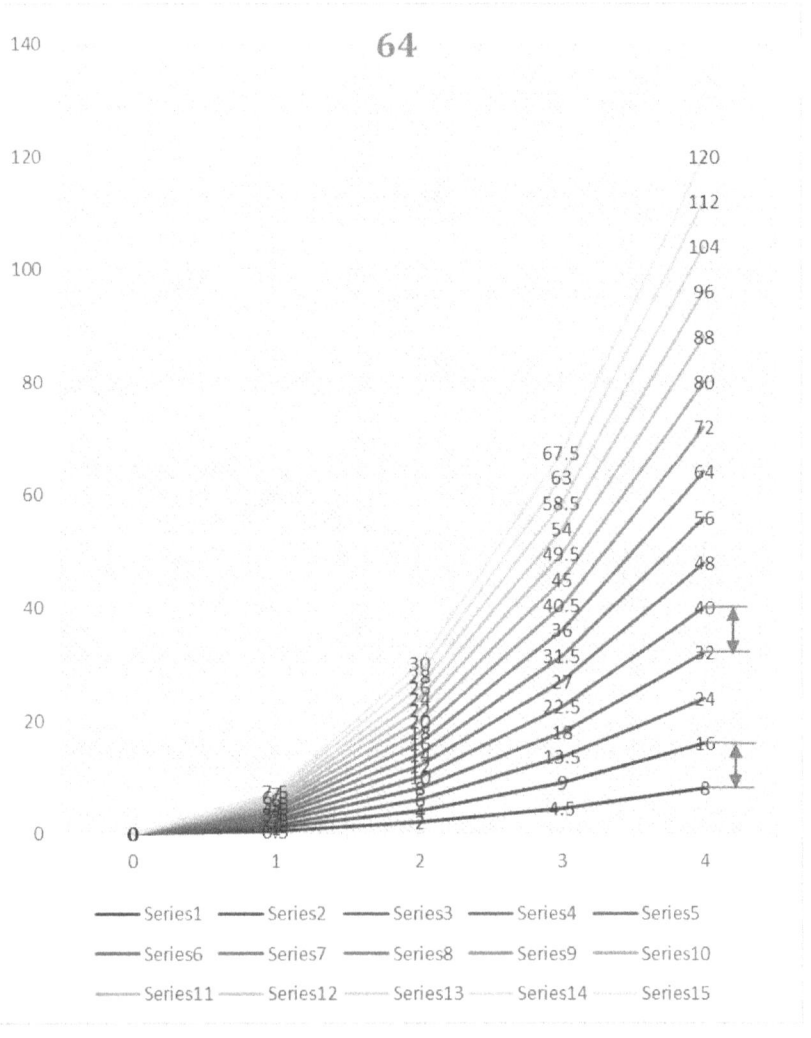

En la Figura 64 se muestra una realidad unidimensional que tiene una vida útil de cuatro segundos.

Se muestran quince series gráficas. Las ráfagas comienzan a los cero segundos y terminan a los cuatro segundos. El eje horizontal es el tiempo, el eje vertical es la distancia recorrida.

La serie uno es una gráfica que muestra una aceleración de un metro por segundo al cuadrado.

La serie dos es un gráfico que muestra una aceleración de dos metros por segundo al cuadrado.

La tercera serie muestra una aceleración de tres metros por segundo al cuadrado.

Para cada serie subsiguiente, hacia arriba en el eje vertical, la aceleración es un metro mayor.

La serie quince está en la cima y la aceleración es igual a quince metros por segundo al cuadrado.

La distancia vertical entre las series es siempre igual a un metro. El medidor es un estándar, pero al final de cada segundo posterior tiene valores numéricos diferentes.

Al final del cuarto segundo, el valor numérico de la distancia entre las series es igual al número ocho.

Mira el gráfico, la flecha roja y las líneas azules delgadas. Los números son dieciséis y ocho. La diferencia entre ellos es ocho.

Este ocho es una distancia de referencia de un metro, y está presente entre todas las series, a lo largo de la vertical del cuarto segundo. Al final del cuarto segundo, la diferencia entre dígitos verticales adyacentes es siempre el número ocho.

Al final del tercer segundo, la diferencia entre los dígitos que están uno encima del otro, verticalmente, siempre es igual al número cuatro y medio. Al final del tercer segundo, el número cuatro y medio, es un estándar para una distancia igual a un metro.

Al final del segundo segundo, el número dos es un estándar para una distancia igual a un metro.

En la realidad unidimensional, son posibles los cuerpos físicos que existen en un estado de reposo con respecto a sí mismos.

Ver figura 65.

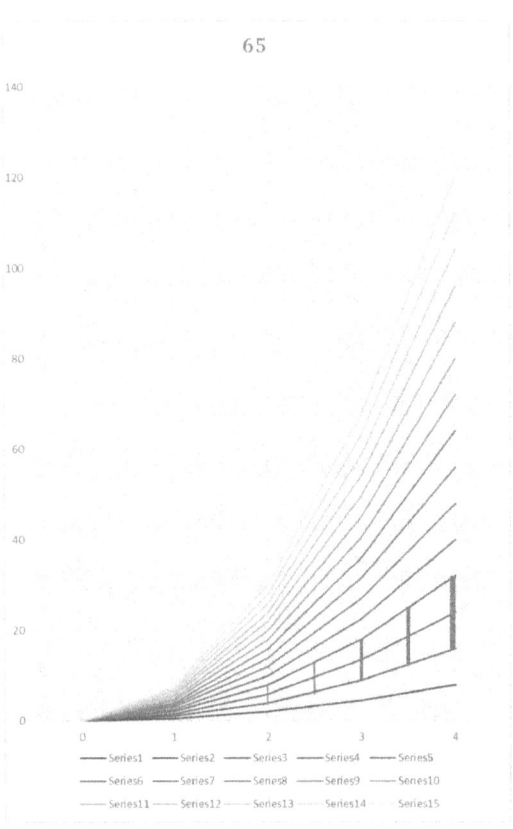

En la figura 65 se muestra un cuerpo de dos metros de largo que está en reposo respecto de sí mismo. El cuerpo se muestra con una línea roja.

En la realidad unidimensional son posibles cuerpos físicos que existen en estado de reposo con respecto a sí mismos y en estado de reposo con respecto a otros cuerpos.

Ver figura 66.

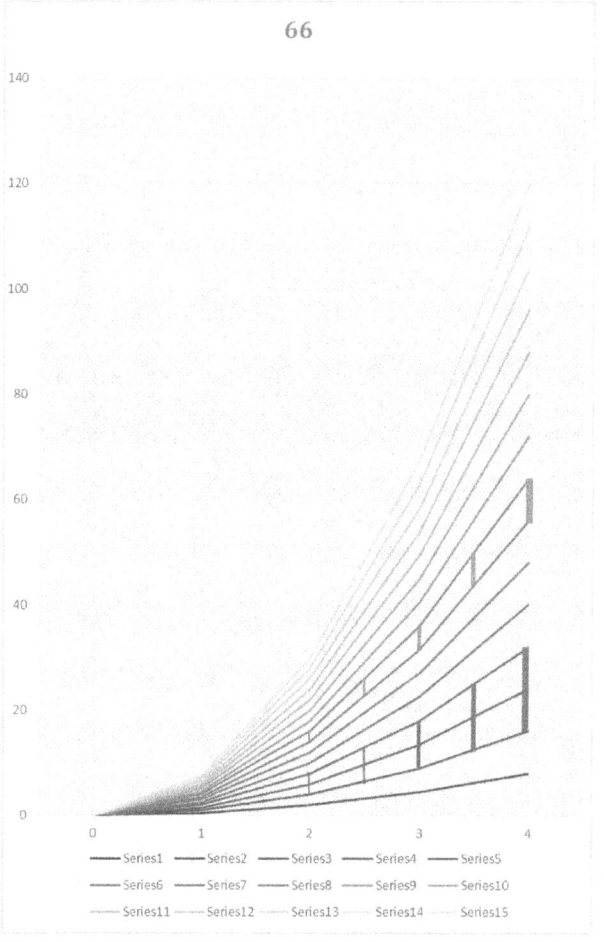

En la Figura 66 se muestra una realidad unidimensional en la que hay un objeto verde y un objeto rojo. El objeto rojo mide dos metros de largo y se encuentra entre las series dos y cuatro. El objeto verde mide un metro de largo y se encuentra entre las series siete y ocho. La distancia entre el objeto rojo y el objeto verde es igual a tres metros. El objeto verde está en reposo respecto de sí mismo. El objeto rojo está en reposo respecto de sí mismo. El objeto rojo y el objeto verde están en reposo uno respecto del otro.

En cualquier realidad unidimensional, se puede realizar un movimiento rectilíneo uniforme.

Ver figura 67.

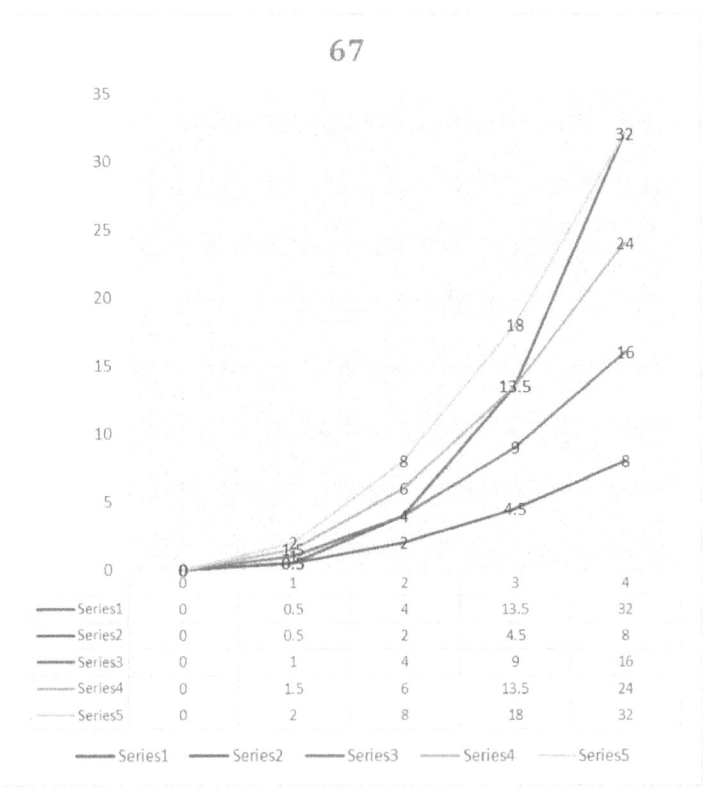

La Figura 67 muestra el movimiento rectilíneo uniforme de un punto rojo, en una realidad unidimensional, que tiene un coeficiente de aceleración de un metro por segundo al cuadrado. Se muestra una tabla con los valores numéricos de la distancia recorrida. El punto rojo se mueve uniformemente en línea recta a una velocidad de un metro por segundo.

Es posible mover puntos que se mueven entre sí en una línea recta uniforme.

Ver figura 68.

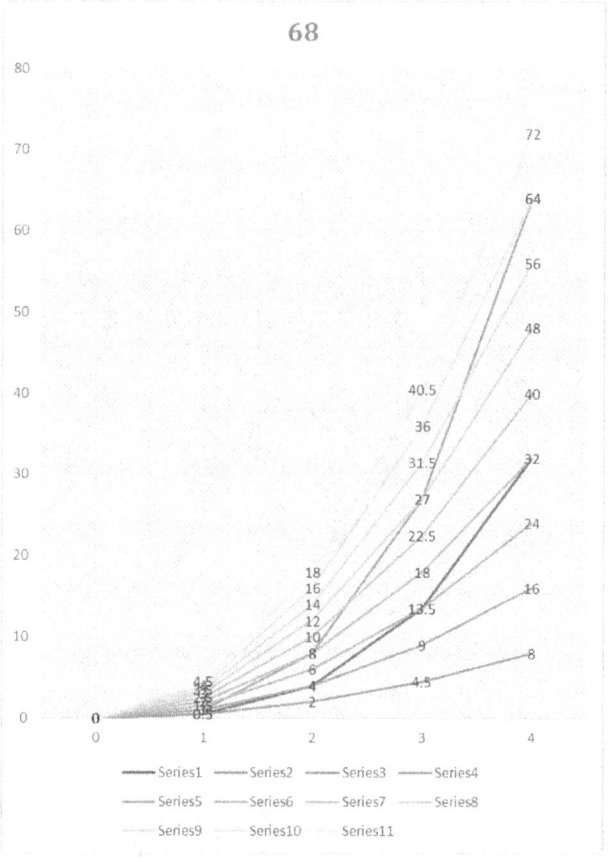

En la Figura 68 se muestra la realidad unidimensional y el movimiento rectilíneo uniforme de un punto rojo y un punto azul.

El punto rojo se mueve uniformemente en línea recta a una velocidad de un metro por segundo, en relación con la realidad unidimensional verde.

El punto azul se mueve uniformemente en línea recta a una velocidad de dos metros por segundo con respecto a la realidad unidimensional verde.

El punto azul se aleja del punto rojo uniformemente en línea recta, a una velocidad de un metro por segundo.

Es posible mover dos o más realidades unidimensionales entre sí.

Ver figura 69.

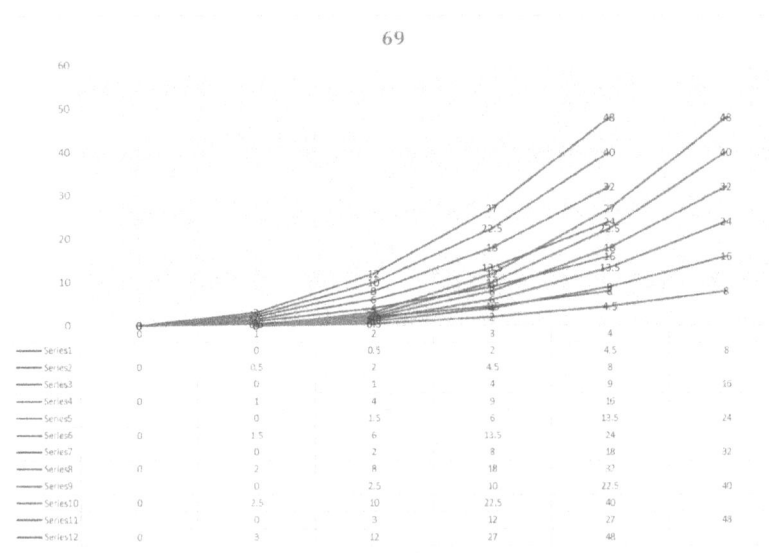

En la Figura 69, se muestran dos realidades unidimensionales moviéndose entre sí, uniformemente y en línea recta, a una velocidad de un metro por segundo.

La realidad unidimensional roja existe un segundo antes que la azul.

En una realidad unidimensional, el movimiento con aceleración de cualquier punto es posible en relación con toda la realidad unidimensional.

Ver figura 70.

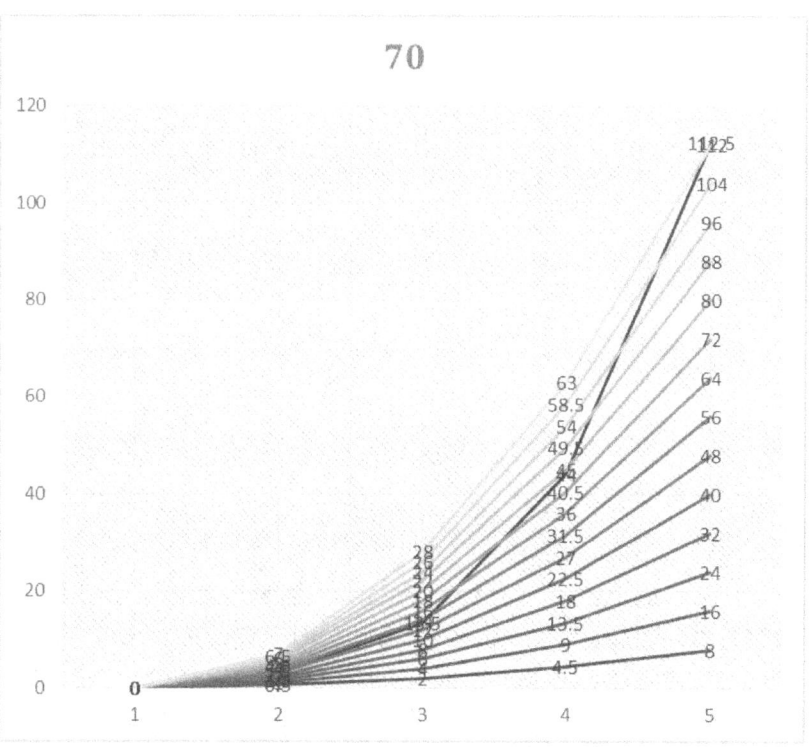

En la figura 70, se muestra un punto que se mueve con aceleración relativa a la realidad unidimensional. El punto se mueve en una realidad unidimensional con una aceleración de un metro por segundo al cuadrado.

En la realidad unidimensional, son posibles todos los diferentes tipos de movimiento.

Véase la figura 71.

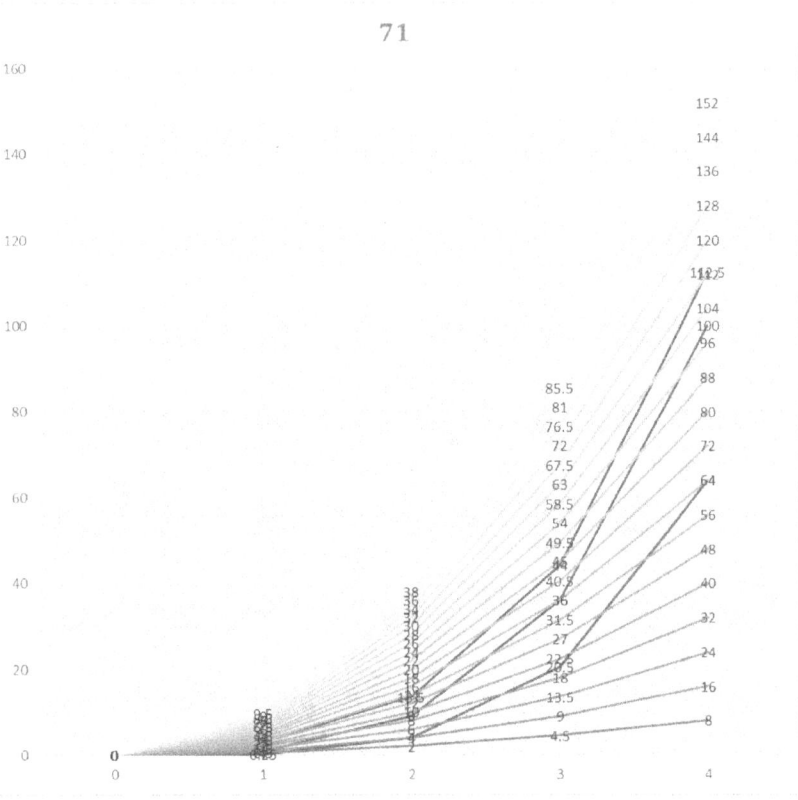

En la figura 71 se muestra una realidad unidimensional verde, dos puntos azules y un punto rojo. Los dos azules están en reposo uno respecto del otro y se mueven con aceleración en relación con la realidad unidimensional verde. El punto rojo se mueve con aceleración en relación con la realidad verde y se mueve uniformemente en línea recta en relación con los dos puntos azules.

18. ESFUERZO. ACELERACIÓN.

El aumento de las dimensiones de una Realidad Una Infinita multidimensional se produce a una **aceleración cada vez mayor**.

La aceleración que aumenta continuamente se llama **aceleración**.

En la Realidad Una Infinita hay fenómenos que son evidencia del Principio de Misma.

La primera prueba es:

Los límites del universo observable se alejan del centro del universo observable con aceleración variable.

Esto significa que la aceleración de la frontera con respecto al centro aumenta constantemente de forma diferente. Las leyes del cambio incremental son diferentes y cambian constantemente. Éstas son las derivadas superiores del camino del tiempo. La cantidad de derivadas superiores es infinitamente grande.

El centro del universo observable es el planeta Tierra.

Definición:

El límite del universo observable es un número infinito **de lugares** que se alejan del planeta Tierra con una **velocidad relativa observable** igual a la velocidad de la luz.

Ver figura 72.

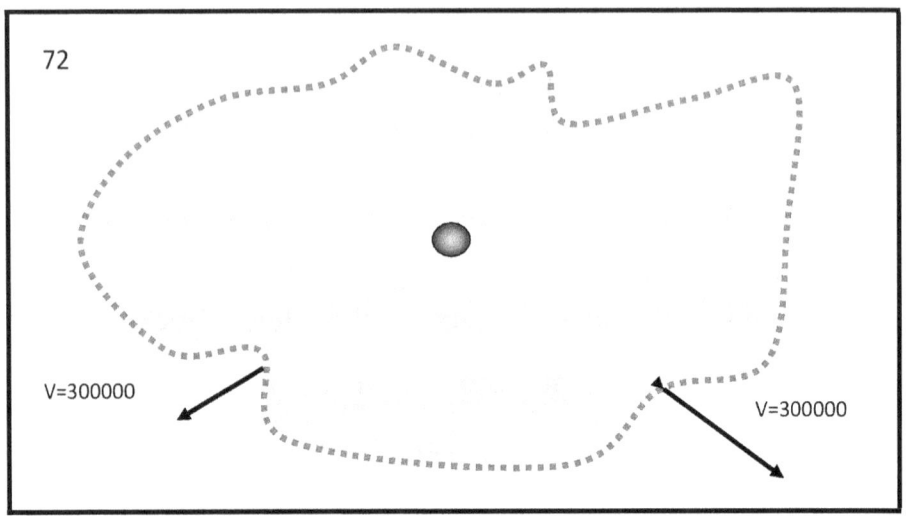

En la Figura 72 se muestran el planeta Tierra, el universo observable y los límites del universo observable. El planeta Tierra es la pequeña esfera en el medio de la figura. El planeta Tierra es el centro del universo observable. El universo observable está coloreado de azul claro. El límite del universo observable se muestra con la línea roja discontinua. La línea roja consta de pequeños cuadrados rojos. Los pequeños cuadrados rojos son **lugares** del universo observable. **Los lugares** son **partes enteras** que pertenecen a **todo el** universo observable. El concepto de **lugar** reemplaza al concepto de punto. Deliberadamente no uso el término punto. El concepto de punto es una abstracción matemática. No hay puntos en el universo observable. Cuando utilizo el concepto de **lugar**, le pongo significado y contenido que Newton utilizó en "Principios matemáticos de la física".

La infinidad **de lugares** que definen los límites del universo conocido cumplen una única condición necesaria y suficiente:

Se alejan del centro del Universo observable con **una velocidad relativa observable**, que es igual a la velocidad de la luz, es decir, trescientos mil kilómetros por segundo. El fenómeno **de la velocidad relativa observable** se utiliza única y exclusivamente como condición para determinar el límite del Universo "**observable**". Los objetos físicos que se alejan a velocidades superiores a la de la luz no pueden observarse utilizando ondas electromagnéticas que se encuentran en el rango óptico observable de la luz. El movimiento verdadero y absoluto de la frontera se realiza con aceleración. En el movimiento absoluto con aceleración, hay un momento en el que la velocidad relativa observable de un objeto físico, con respecto al centro, es igual a la velocidad de la luz. En este punto, este objeto físico se encuentra en el borde del universo observable. Esta condición es una tradición en la ciencia de la Física.

El límite del universo **observable** no es una esfera. El límite que se muestra en la figura no es un círculo y no es el verdadero límite del universo observable. Este es un posible ejemplo.

La segunda prueba es:

En diferentes puntos de la frontera del universo observable, la aceleración $\textit{a}$ será diferente.

Ver figura 73.

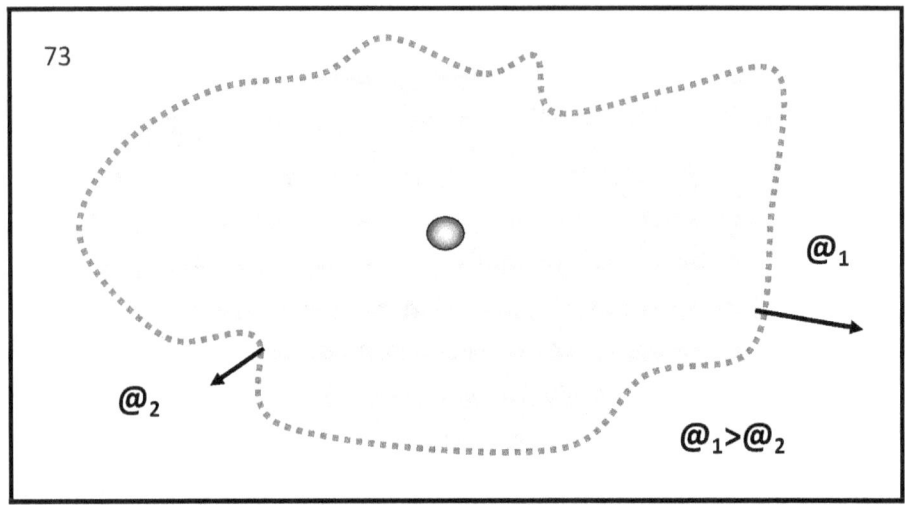

73

@₁

@₂

@₁>@₂

La Figura 73 muestra diferentes aceleraciones en el límite de la realidad observable. La magnitud de la aceleración es relativa al centro del universo observable. El centro del universo observable es el planeta Tierra.

La tercera prueba es:

Una varilla de longitud igual al diámetro del planeta Tierra acelerará en ambos extremos con una aceleración de nueve veces ocho metros por segundo al cuadrado, con respecto a su punto medio.

En esta condición, el planeta Tierra y la varilla estarán en un estado de reposo relativo.

Ver figura 74.

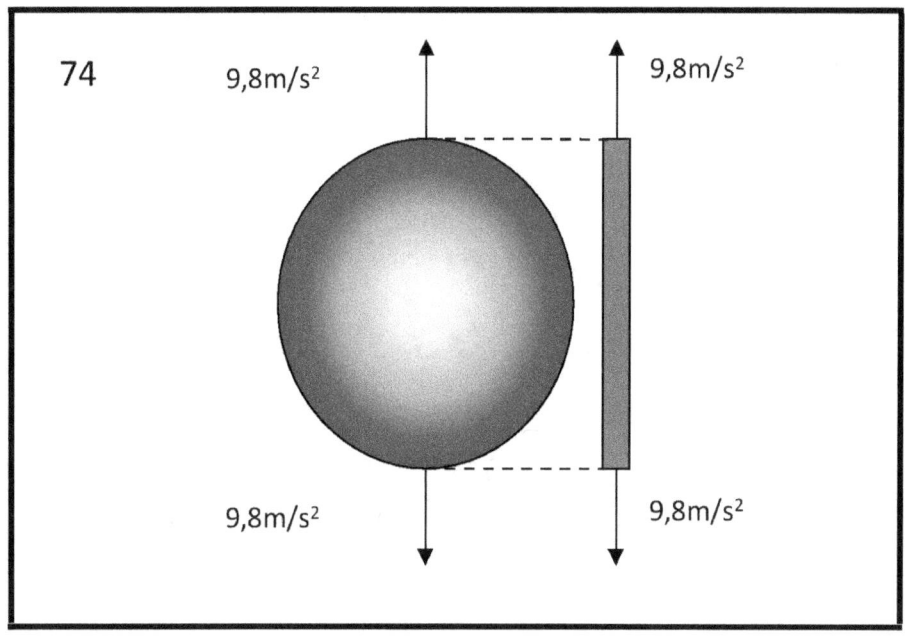

74

En la figura 74 se muestra el planeta Tierra y un palo. La longitud de la varilla es igual a la longitud del diámetro del planeta Tierra. Los dos extremos de la varilla se mueven con la raíz con respecto al centro de la varilla. La aceleración es igual a nueve ocho metros enteros por segundo al cuadrado.

La cuarta prueba es:

La temperatura en el medio de la varilla será mayor que la temperatura en cualquiera de los extremos de la varilla.

El palo se calentará en el medio.

Ver figura 75.

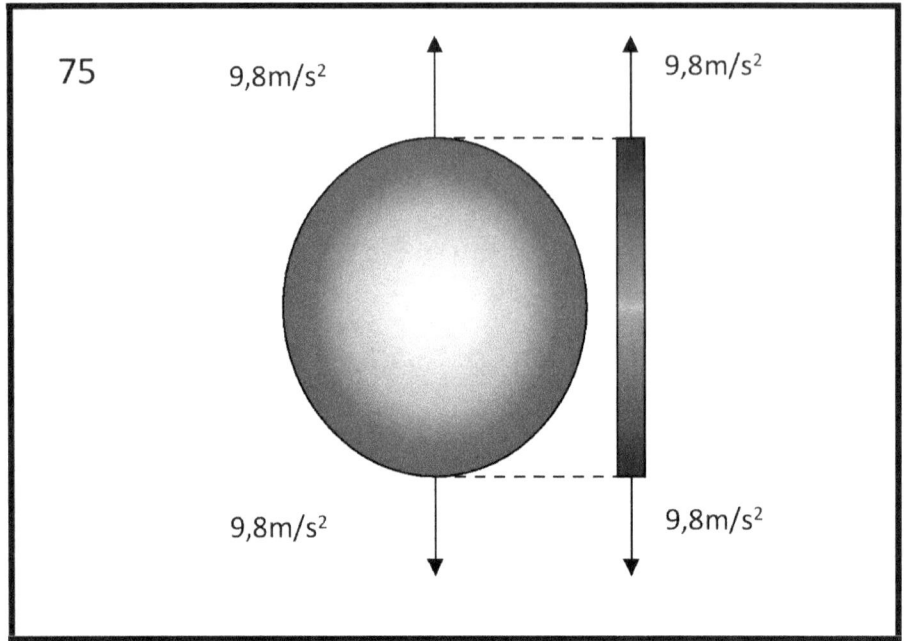

La Figura 75 muestra el planeta Tierra y un palo. La longitud de la varilla es igual a la longitud del diámetro del planeta Tierra. La mitad del palo está roja porque la temperatura es alta.

19. CAMPO DE ESFUERZO. ESENCIA FUNDAMENTAL COMÚN DE LA REALIDAD UNA INFINITA.

En las leyes fundamentales de la ciencia física, defino dos cantidades mutuamente relacionadas, a saber, **la aceleración** y **el esfuerzo**.

La aceleración $\textcircled{a}$, - es igual a las derivadas superiores de la trayectoria y del tiempo, que son mayores o iguales a tres.

$$\textcircled{a} = \frac{x}{t^n} \quad \ldots\text{dónde:} \quad n \geq 3$$

El esfuerzo Φ es igual al producto de la masa del cuerpo m por la aceleración $\textcircled{a}$.

$$\Phi = m.@$$

La letra Φ proviene del alfabeto eslavo-búlgaro: cirílico.

En **el campo del esfuerzo** tiene lugar la interacción universal entre las partes enteras de **la Realidad Única e Infinita**.

Es la única conexión universal entre la multitud infinita de cosas enteras únicas que sólo de esta manera forman el contenido del fenómeno de **toda la Realidad Una Infinita**. El fenómeno de **toda la Realidad Una Infinita es posiblemente reflejable, a través y en un estado de aceleración** en constante cambio.

se manifiesta la esencia relativa del movimiento absoluto inherente a **toda la Realidad Una Infinita.**

Una aceleración en constante cambio, aparece entre las discontinuidades de **toda la Realidad Una Infinita**.

Una aceleración en constante cambio es la causa de la aparición de una **cantidad infinita de una cualidad** particular, y de una **cantidad infinita** de **cualidades diferentes**.

La fuerza es igual al producto de la masa del conjunto por su aceleración.

$$\Phi = m.@$$

Dónde:

Con la letra m marcamos la masa del conjunto.

Con la letra Φ del alfabeto cirílico eslavo-búlgaro marcamos **esfuerzo**, y con este concepto denotamos **una cantidad física fundamental** que es igual al producto de la masa del conjunto por la aceleración.

Con el signo $\textcircled{a}$ marcamos *aceleración* y con este concepto denotamos **una cantidad física fundamental** que es igual o mayor que la tercera derivada de la trayectoria del tiempo.

$$\textcircled{a} = \frac{x}{t^n} \ldots\ldots n \geq 3$$

En términos de su aparición histórica, la ley del esfuerzo y su relación con la aceleración se encuentra entre las tres principales leyes de la física fundamental clásica. Así, las leyes básicas de la física son ahora cuatro.

En términos de su fundamentalidad y universalidad, la ley del esfuerzo abarca las tres primeras leyes de Newton.

Esto da motivo para llamarla la ley "cero" de la ciencia de la Física.

Las razones se reducen al hecho de que las leyes de Newton definen una interacción de fuerza cuantitativa entre cuerpos con una masa específica, siempre **y sólo cuando** la **fuerza ya se manifiesta y tiene un valor específico**.

En el libro "Principios matemáticos de la física", Newton utiliza de forma bastante deliberada y regular la terminología "... **acción de una fuerza aplicada** ...".

La idea profunda de Newton es que esta fuerza ha aparecido y ya existe, se puede aplicar y actúa cuando se aplica.

Se podría argumentar que la primera ley de Newton no se refiere a la interacción mutua de fuerzas. Si analizamos detenidamente la forma en que se define, llegaremos a la conclusión de que esto no es cierto.

La ley establece:

"Un cuerpo está en estado de reposo, o de movimiento rectilíneo uniforme, cuando no se le aplica ninguna fuerza".

La ley se puede enunciar de la siguiente manera:

"Un cuerpo está en estado de reposo, o movimiento rectilíneo uniforme, cuando sobre él actúa una fuerza igual a cero".

Algún lector puede objetar que no tiene sentido hablar de una fuerza igual a cero, porque significa que no se aplica ninguna fuerza. Mi respuesta es que es posible aplicar fuerzas de igual magnitud y de dirección opuesta, y entonces el resultado de la acción es cero.

Por tanto, el movimiento inercial o el estado de reposo relativo de cualquier cosa en particular sólo es posible cuando la suma de las fuerzas que actúan sobre este cuerpo es igual a cero.

En otras palabras, desde un punto de vista filosófico, los conceptos de reposo y movimiento denotan fenómenos objetivos que están estrechamente relacionados con el resultado de la acción de algunas fuerzas específicas.

De ello se deduce que el punto de partida, o posición inicial, para determinar el fenómeno del reposo y el fenómeno del movimiento rectilíneo uniforme es **el manifestado.** acción de fuerza. No es casualidad que Newton utilizara el concepto de "acción de una fuerza aplicada".

La segunda ley de Newton indica directamente la magnitud de una fuerza actuante, expresada como el producto de la masa del objeto por su aceleración.

La ley queda registrada de la siguiente manera:

$$F = m.a$$

En latín, la ley dice así:

> „Mutationem motus proportionalem esse vi motrici impressae et fieri secundum lineam rectam qua visilia imprimitur".

Del cirílico búlgaro eslavo, mediante traductor electrónico:

"El cambio en la cantidad de movimiento es proporcional a la fuerza motriz aplicada y se realiza según el derecho sobre el que

actúa esta fuerza" .

Se puede expresar como:

Cuando una m fuerza motriz aplicada actúa sobre un cuerpo con masa F, éste se encuentra en un estado de movimiento con aceleración constante a.

No es necesario hacer un análisis para ver que la ley indica la cantidad de la fuerza cuando **ya se ha manifestado** y es de algún valor concreto constante.

Tercera ley de Newton escrita en latín:

> „Actioni contrariam semper et aequalem esse reactionem: sive corporum duorum actiones in se mutuo semper esse aequales et in partes contrarias dirigi"

Del cirílico búlgaro eslavo, mediante traductor electrónico:

"La acción es siempre igual y opuesta a la contraacción, es decir, las interacciones de dos cuerpos, uno sobre otro, entre sí, son iguales y se dirigen en direcciones opuestas".

Dicho de esta manera, muestra que cuando sobre un cuerpo actúa *una* fuerza de otro cuerpo, entonces el cuerpo reacciona con una fuerza de igual magnitud y de dirección opuesta.

En este caso, volvemos a notar que en la tercera ley de Newton se trata nuevamente de una fuerza que ya se ha **manifestado** . y ya **opera** con alguna magnitud constante particular.

Solo hacemos una pregunta, pero extremadamente importante:

Cómo **aparece** ? la acción de la fuerza F ?

Nuestra respuesta, que es resultado de la hipótesis de campo de esfuerzos creada, es:

La cantidad de interacción entre las cosas aparece en un campo de esfuerzo.

Ver Figura 76.

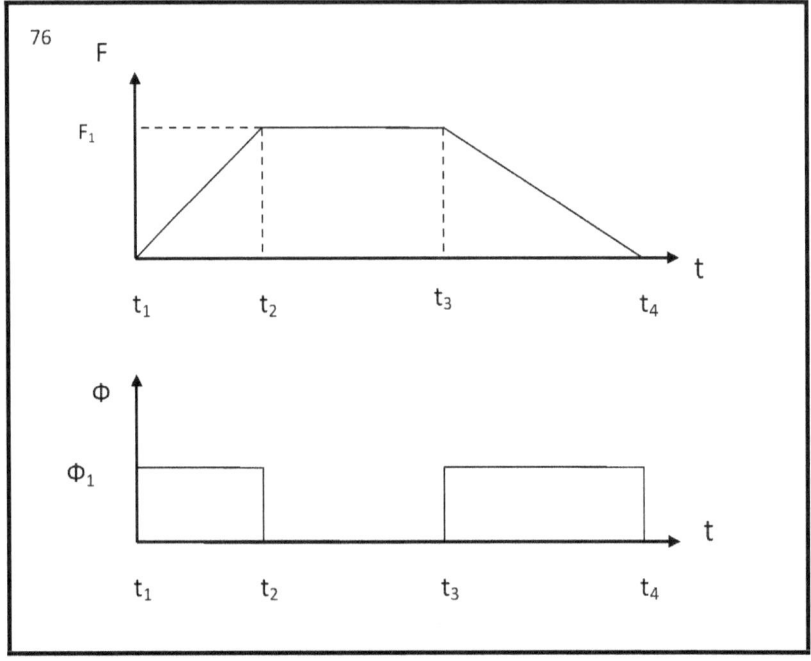

En la figura 74, se muestra cómo, en el intervalo de tiempo $t_2 - t_1$, aparece la fuerza F, y cómo aumenta desde cero hasta algún valor F_1, ver el sistema de coordenadas anterior.

En el mismo intervalo de tiempo $t_2 - t_1$ se

observa el fenómeno de fuerza actuante constante Φ_1, que se muestra en el sistema de coordenadas inferior.

En el intervalo de tiempo $t_4 - t_3$, la fuerza disminuye desde algún valor F_1 hasta cero (gráfico superior) y nuevamente aparece como una fuerza actuante constante de magnitud Φ_1, que se muestra en el segundo sistema de coordenadas (inferior).

Una vez más debemos enfatizar que las consideraciones así expresadas nos dan una razón para declarar la ley del esfuerzo $\Phi = m . @$ como la ley "cero" de la Física, que precede a las leyes de Newton.

Como una ley que opera en el fundamento absoluto de **toda Una Realidad Infinita**.

Como ley, esa es la razón de la aparición de las tres primeras leyes de Newton.

Como ley que define el fenómeno **campo de esfuerzo**.

Como una ley que abre la puerta tras la cual es posible la creación de una teoría general de campos.

Esta ley es esencialmente una introducción a la TEORÍA GENERAL DE CAMPO.

El término "**campo de esfuerzo**" sirve para denotar un fenómeno que existe en toda **la Realidad Una Infinita,** cuya esencia tiene un carácter fundamental universal.

Es posible que este campo fundamental, aún físicamente inexplicado y poco claro, resulte ser la base y la clave de los secretos profundos del Movimiento Absoluto y sus entidades que aparecen en la dirección del Espacio, el Tiempo y la forma en que están. construidos y existen en las cosas reales de la Naturaleza.

En términos puramente prácticos, el dominio tecnológico del **campo de esfuerzo** proporcionaría a la humanidad una libertad informativa ilimitada para comunicarse con **toda la Una Realidad Infinita** y sus **partes constituyentes** de manera absolutamente simultánea.

Sin embargo, si esta tarea de dominio tecnológico de la acción a distancia resulta ser el sueño más inalcanzable, entonces la humanidad permanecerá para siempre cautiva de las limitaciones que le imponen el Tiempo, el Espacio y el Movimiento.

El optimismo inspira el desarrollo moderno de la concepción filosófico-física de la realidad, lo que da esperanzas de que esto no suceda.

Estas dos nuevas cantidades, **el esfuerzo y la aceleración**, y la relación entre ellas nos permiten renovar el contenido de algunas categorías fundamentales de la física.

Por ejemplo:

La fuerza, definida por la segunda ley de Newton F, tiene una relación regular con la interacción relativa y su esencia cuantitativa.

El esfuerzo Φ , expresa la cantidad de interacción absoluta.

Masa pesada: la cantidad de interrupciones en el continuo.

La masa inercial – la continuidad del almacenamiento del vínculo entre rupturas.

Sin embargo, estas cuestiones, así como algunas derivadas superiores de la trayectoria temporal, deberían ser objeto de un análisis científico aparte.

20. NEWTON, GRAVEDAD Y CAMPO DE ESFUERZO.

El principio de uniformidad muestra que no existe una fuerza de atracción gravitacional, representada por Newton. Lo que Newton llamó fuerza de atracción gravitacional es movimiento con aceleración. El Sol y los planetas del sistema solar aumentan sus radios a ritmos diferentes. El aumento de los radios con diferente aceleración se realiza en relación con el centro del planeta en particular y el centro del Sol.

El sistema solar aumenta su radio con la aceleración. La aceleración de la periferia del sistema solar es relativa al centro del sistema solar. El centro del sistema solar coincide con el centro del Sol.

La ley de atracción gravitacional de Newton es válida dentro de los límites del sistema solar. Pero lo que Newton llamó atracción gravitacional es un movimiento de empujar, empujar, con aceleración.

El movimiento de empujar, empujar con aceleración, se produce y se desarrolla en el campo de esfuerzo. Se produce una aceleración, que es el motivo de la aparición de una fuerza de empuje. La magnitud de la fuerza de empuje dentro de los límites del sistema solar se calcula mediante la ley de atracción gravitacional establecida por Newton. En otras partes de la Única Realidad Infinita, la magnitud de la fuerza repulsiva será diferente de la fuerza repulsiva que opera dentro de los confines del sistema solar. Esto significa que la ley de gravedad de Newton será diferente.

La cantidad de "otras leyes de Newton" en la Realidad Una Infinita es infinitamente grande.

La fuerza de empuje aparece en el campo de esfuerzo y depende de la ley según la cual cambia la aceleración.

En la Una Realidad Infinita, el número de leyes posibles mediante las cuales se cambia la aceleración es infinitamente grande.

21 TIEMPO

En la Realidad Una Infinita existe el Fenómeno del Tiempo. La esencia del fenómeno del tiempo es el movimiento con aceleración creciente.

Una propiedad fundamental del fenómeno del tiempo es la irreversibilidad integral.

www.ingramcontent.com/pod-product-compliance
Lightning Source LLC
Chambersburg PA
CBHW050002230526
45465CB00003BB/1224